U0223747

前 言

在平面几何的研究中,几何图形的各种变换,常常起重要的作用. 在这些变换当中,用初等方法最经常讨论的是所谓的等距和伸缩. 它们的一个重要性质是,保持几何图形的基本类别不变:直线还变成直线,圆还变成圆. 反演是几何图形的更为复杂的变换,它可以把直线变换成圆,也可以把圆变换成直线. 应用这种变换,对于初等几何中的许多问题,特别是有关作图和曲线束的问题,我们可以得到统一的解法. 这样,反演的理论为处理各项几何图形之间的相互关系,提供了一个较自然的工具. 在这个理论中使用的方法,对于初等和高等的几何中出现的边界问题，也是有效的．我们还能应用它，在欧氏平面上，为罗巴切夫斯基几何学提供一种解释．反演和复数之间，或者更准确地说，反演和定义域与值域都是复数的初等函数之间，存在有趣的联系．

这本小册子，讨论反演变换和它们的应用．为了提供尽可能最方便的表示，我们把材料分为三章．

第1章将研究反演变换和它们在初等几何中的应用．第2章中我们将指出，可以把第1章中的变换，表示为复变量的线性函数和线性分式函数．反过来，我们将证实，每一个这样的函数，决定平面上的一个变换，它可以分解为一系列的等距和反演．第3章用群论的观点给出几何学的基础，并采用这个基础，依据第1章和第2章中的材料，简要地建立起欧几里得平面几何学和罗巴切夫斯基平面几何学．

对于在本书第3章中简略论及的内容，读者可以在H·B·叶非莫夫的《高等几何学》中，找到更为详细的说明．

本书是以作者于不同时期对列宁格勒的学生们所作的讲演为基础写成的．

后三章是编者所加，一是为了更全面的介绍反演变换，二是为了使本书内容充满一点现代气息，如有狗尾续貂之嫌，纯属编者妄为，与原作者及译者无关．

⊙ 目录

反演和圆束

第1章

§1.1 平面的初等变换

从一个几何图形变换成另一个几何图形的思想,在本书中将起主要作用. 这里,我们只讨论平面上的图形. 首先,我们要精确地叙述几何图形的变换是什么意思. 考虑一个平面,假设我们有某个规则,使得对于平面上的每一个点 X,决定一个在同一平面上与它对应的点 X',这个对应规则(我们称呼它为 T) 叫作平面的一个**变换**,对应于点 X 的点 X',叫作点 X 在 T 之下的**象**. 平面的变换用大写字母表示,如果 T 是平面的某个变换,且平面上某个点 X 在 T 之下的象是点 X',

我们就记为 $X' = T(X)$.

给定平面的一个变换 T 及一个平面图形 F(例如一条直线或一个图),T 把图形 F 上的每一点 X,变成它的象点 X',由图形 F 的所有点的象点组成的图形 F',叫作图形 F 在变换 T 之下的象. 我们通常把图形 F' 记为 $T(F)$(图 1.1).

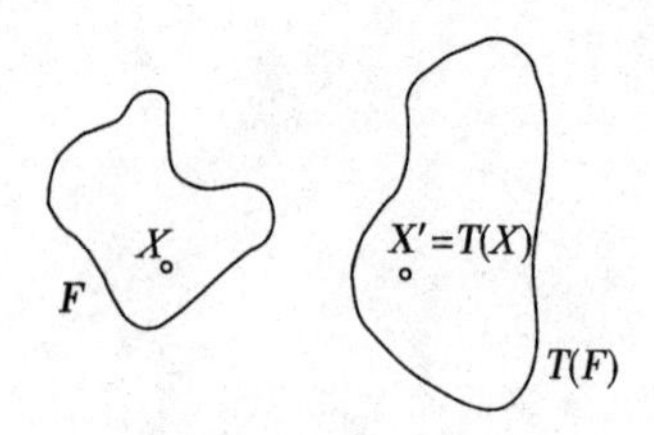

图 1.1

通常,一个点和它的象是不重合的,当点 X 和它的象 $T(X)$ 重合时,我们就把点 X 叫作变换 T 的不动点.

把平面上每一点变成它自身的变换,叫作恒同变换. 换句话说,平面的一个变换是恒同变换,当且仅当平面上的所有点都是不动点. 我们将用字母 I 表示恒同变换.

如果一个图形 F 在变换 T 之下的象和 F 重合,即

$$F = T(F)$$

就称图形 F 在变换 T 之下是不变的.

注意到如下事实是重要的:说一个图形在某个变换下是不变的,并不要求这个图形在该变换下有单个的不动点. 例如,若 T 是平面统一点 O 经过某个非零的固定角①的旋转,则 T 的唯一的不动点是 O. 这样,所

---

① 非零角的意思是指这个角的弧度不是 2π 的整数倍.

有圆心在点 O 的非退化的圆，在 T 之下都是不变的，但是它们之中没有一个包含单个的不动点(图1.2).

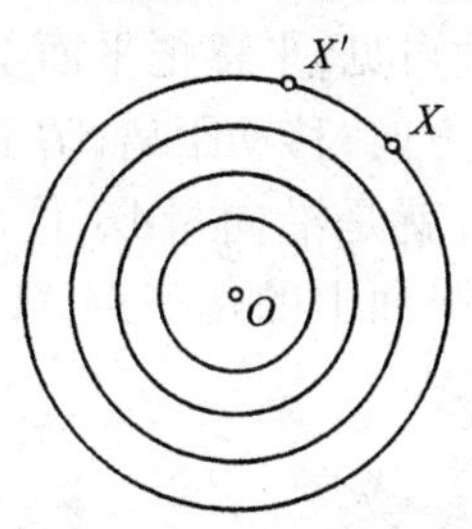

图1.2

下面我们更详细地来考察平面的初等变换.

1.1.1 关于直线的反射. 平面关于直线 l 的反射定义为：若点 X 在 l 上，则 X 变成它自身；若点 X 不在 l 上，则取点 X 关于直线 l 的对称点 X' 作为 X 的象(图1.3).

所有以直线 l 为对称轴的图形，包括直线 l 自身，是在关于直线 l 的反射下不变的图形. 图1.4画出了两个这样的不变图形.

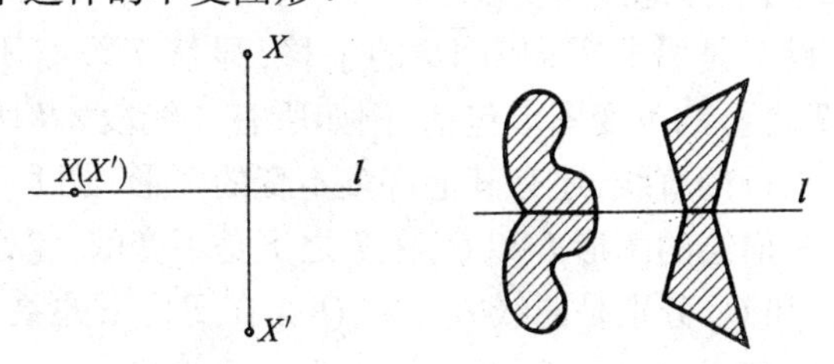

图1.3　　图1.4

直线 l 上的所有点，且只有这些点，是上述变换下的不动点.

1.1.2 平移. 平面的平移定义为：假设直线 l 在平面上，在 l 上给定线段 AB，若点 X 不在直线 l 上，则它的象 X' 是以 AB 和 AX 为邻边的平行四边形的第4个顶点;若点 X 在直线 l 上,则我们在 l 上取一点 X' 作为它的象,该点使得线段 AX 和 BX' 等长,且线段 XX' 和线段 AB 等长. 由此可见,平移把平面上的每一点,沿着从点 A 到点 B 的方向,移动距离 AB 这么远(图 1.5). 若采用向量术语,就是沿向量$\overrightarrow{AB}$ 移动平面上的每一点,也就是,对于平面上的每一点 X,向量等式$\overrightarrow{XX'}=\overrightarrow{AB}$ 成立(图 1.6).

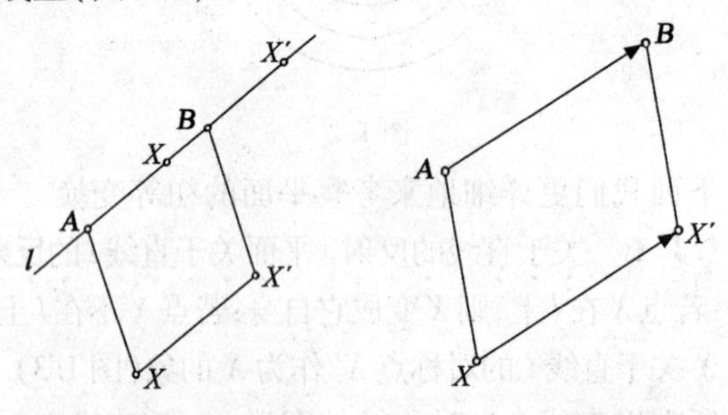

图 1.5　　图 1.6

若向量$\overrightarrow{AB}$ 是零向量(即点 A 与点 B 重合),则沿向量$\overrightarrow{AB}$ 的平移是恒同变换.

设 T 是沿非零向量$\overrightarrow{AB}$ 的平移,显然 T 没有不动点. T 之下的不变图形包括,例如所有与线段 AB 所在直线平行的直线,还有其他许多不变的图形. 图1.7 和图 1.8 描绘的图形 L 和 Q,在 T 之下是不变的,此处曲线 L_k 和 Q_k 分别是曲线 L_{k-1} 和 Q_{k-1} 在 T 之下的象.

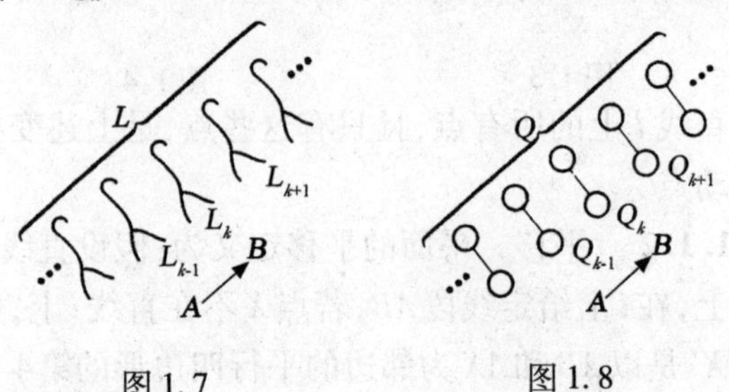

图 1.7　　图 1.8

1.1.3　绕一点的旋转．设 O 是平面上的一个已知点，α 是一个已知角，我们用如下法则定义平面绕点 O 转过角 α 的旋转：对于平面上任意一点 X，我们将线段 OX 绕着点 O 旋转，转过角 α（若 $\alpha > 0$，则沿逆时针方向旋转；若 $\alpha < 0$，则沿顺时针方向旋转，转过角 $|\alpha|$），将所得线段的终点 X' 取作 X 的象，点 O 在这样的旋转下是不动点．

若 $\alpha = 0$，则这个旋转是恒同变换．

设 T 是绕点 O 转过某个非零角 α 的旋转，显然这个变换 T 仅有的不动点是点 O，以点 O 为中心的圆，是这个变换下的不变图形，若角 α 的弧度是

$$\alpha = \frac{2\pi}{n}$$

此处 n 是自然数，则以点 O 为中心的圆的内接正 m 边形在 T 之下是不变的，当且仅当边数 m 能被 n 整除（图1.9）．在图1.10中，我们看到一个更复杂的不变图形．

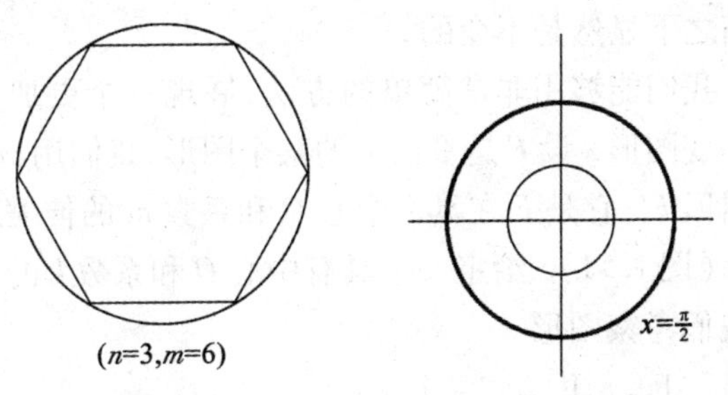

图1.9　　图1.10

1.1.4　等距．等距是保持两点间距离不变的平面变换，也就是说，T 是等距当且仅当对于平面上的任意两点 X 和 Y，线段 XY 和 $T(X)T(Y)$ 等长（或者等价

地说,距离 XY 和 $T(X)T(Y)$ 相等). 我们进一步要求变换 T 是一一的和满映射,也就是,平面上的每一个点,都是其他某个点的象(T 是满映射),并且没有两个不同的点的象相同. 容易看到前面描述过的所有变换都是等距. 在如下意义上,我们也可以说,它的逆也是真的:我们能够证明,任何一个等距,或者是一个旋转,或者是一个平移,或者是一个关于一条直线的反射,或者是它们的某个复合(连续施行).

1.1.5 伸缩. 设点 O 是平面上的某个定点,$k > 0$ 是某个定数. 具有中心 O 和系数 k 的伸缩[①]是平面的一个变换,它把点 O 变到自身,与点 O 不同的任一点 X 变到位于射线(半直线)OX 上的一点 X',满足

$$OX' = k \cdot OX$$

当 $k = 1$ 时,这个伸缩即为恒同变换. 当 $k \neq 1$ 时,这个变换仅有一个不动点,即伸缩的中心点 O. 我们注意到,当 $k < 1$ 时,已知图形在伸缩之下"缩小",而当 $k > 1$ 时,则"胀大". 以伸缩的中心为起点的射线,在伸缩之下显然是不变的.

我们能够用非常简单的方法,展现一个更加复杂的不变图形. 设 F 是平面上的某个图形,我们用 mF 表示图形 F',它是 F 在具有中心 O 和系数 m 的伸缩之下的象(图1.11). 给定一个具有中心 O 和系数 k 的伸缩 T,我们考察图形

$$\cdots, \frac{1}{k^m}F, \frac{1}{k^{m-1}}F, \cdots, \frac{1}{k}F, F, kF, \cdots, k^{m-1}F, k^mF, \cdots$$

---

① 这里的伸缩,即我们通常所说的"位似变换",中心 O 即位似中心,系数 k(k 可以小于零) 即位似比. —— 中译者注.

容易证明,由所有这些图形的“并”表示的图形 G(图1.12)在变换 T 之下是不变的.

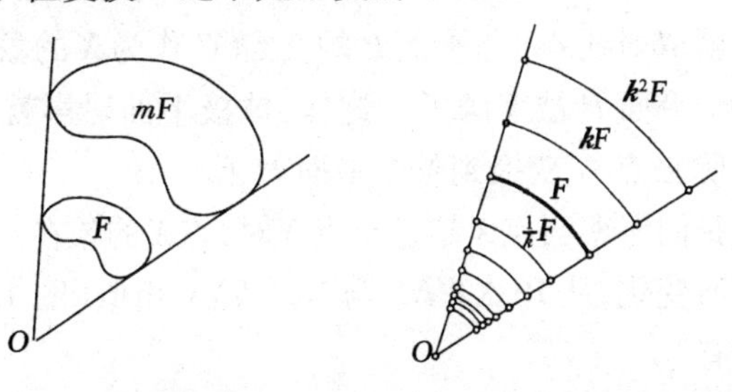

图1.11　　图1.12

最后,我们用等距和伸缩的概念,来简述关于全等和相似这两个术语的精确的和一般的定义,这两个术语在初等几何中扮演重要的角色.

如果存在一个等距,把图形 F_1 变成图形 F_2,我们就称图形 F_1 和 F_2 是全等的. 如果存在一个伸缩,把图形 F_1 变成与图形 F_2 全等的某个图形 F_2',我们就称图形 F_1 与 F_2 是相似的.

§1.2　球极平面射影. 平面上的无穷远点

在 §1.1 中我们对于平面所讨论的变换的概念,显然能推广到任何几何图形(包括平面图形和空间图形). 如果图形 M 在这样的变换 T 之下的象盖住了整个图形 N,我们就说 T 是 M 到 N 上的变换.

在关于反演变换的研究中,观察球面到平面上的下列特殊变换是十分有用的,这个变换叫作球极平面射影,定义如下:设 K 是一个球面,P 是一个平面,P 与

K相切于点S(图1.13). 点S叫作K的南极,它的对径点N叫作北极. 设点X是K上和N不同的任意一点,我们就取射线NX与平面P的交点X'作为X的象. 显然整个平面P被盖满了. 这样,球极平面射影就把球面K除去点N变换到整个平面P上.

我们考察当点X趋近于点N时,点X的象在平面P上如何变化,从Rt△$X'NS$与Rt△SNX相似(图1.14)我们有

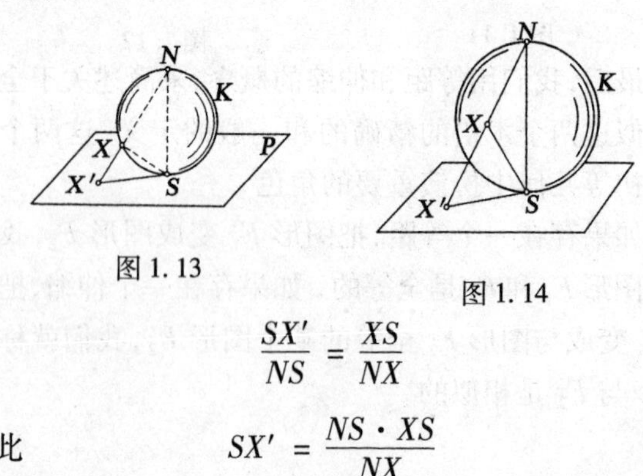

图1.13　　图1.14

$$\frac{SX'}{NS}=\frac{XS}{NX}$$

因此
$$SX'=\frac{NS\cdot XS}{NX}$$

设r是球面K的半径,于是,对于充分接近北极N的点X,有$XS>r$,因此

$$SX'>\frac{2r^2}{NX}$$

(因为$NS=2r$). 明显地,当点X变得任意接近于点N(NX趋近于零)时,线段SX'的长度无限制地增大,使得点X'变得离点S无限制地远. 因此,在球极平面射影下,点N不能变成平面P上的任何点. 为了把球极平面射影扩展到整个球面K上,也就是为了在平面P上给出北极N的象,我们必须对平面P添加一个新

点，这个新增加的点 O_∞ 叫作无穷远点．现在，我们让球面的北极 N 变到平面的无穷远点 O_∞，这样，我们就得到球极平面射影把球面 K 变到平面 P 上．

我们来研究无穷远点的某些性质．设 l' 是平面 P 上的任意一条直线，我们考察经过点 N 和直线 l' 的平面（图1.15），这个平面与球面 K 相交于经过点 N 的某个圆 l，直线 l' 显然是圆 l 在球极平面射影之下的象．另一方面，球面 K 上经过点 N 的每一个圆 l 的象，是平面 P 上的一条直线，它是圆 l 所决定的平面与平面 P 的交线．由此得到，球极平面射影在球面 K 上所有经过点 N 的圆的集合与平面 P 上所有直线的集合之间，建立起一个一一对应．因此，平面 P 上的任一条直线都包含点 O_∞（从而，平面上所有的直线相交于点 O_∞），它是点 N 在球极平面射影下的象．

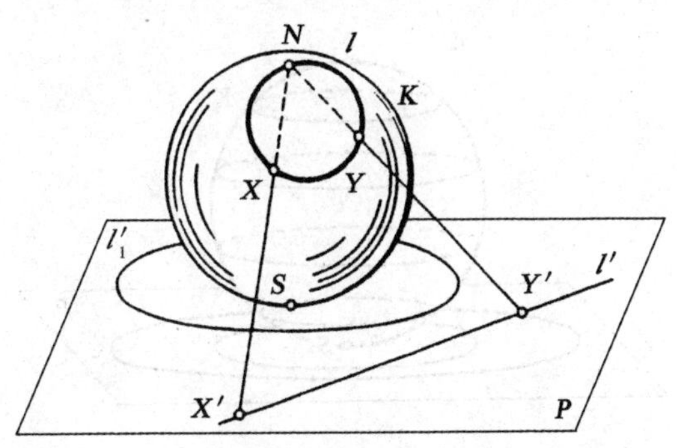

图1.15

设 l_1' 是平面 P 上的一个圆，若 r' 是 l_1' 的半径，d 是从球面 K 的南极 S 到圆 l_1' 的中心的距离，则从 S 到 l_1' 上任意一点的距离不大于 $d + r'$．因此，平面 P 上没有任何一个圆包含无穷远点．

众所周知，任意不共线三点决定一个圆．平面上的直线，类似地由三个点决定，其中的两个点可以任意选择，第三个点是无穷远点．因此，在下述意义上，一条直线可以被认为是一个圆：把无穷远点作为决定它的三个点之一．

现在研究球面 K 上所有那些所在平面与平面 P 平行的圆的集合，这个集合包括点 S 和 N 作为半径是零的退化圆在内（图 1.16）．圆的这个集合在球极平面射影下的象，是平面 P 上以点 S 为中心的所有同心圆的集合，包括点 S（它在球极平面射影下不动）和无穷远点（点 N 在球极平面射影下的象）．由于球面 K 和平面 P 的切点可以是 P 上的任意一点（只需简单地将球面 K 作平行于平面 P 的适当移动即可），因此我们可以研究任何一个同心圆系，包括所有圆的公共中心及无穷远点．

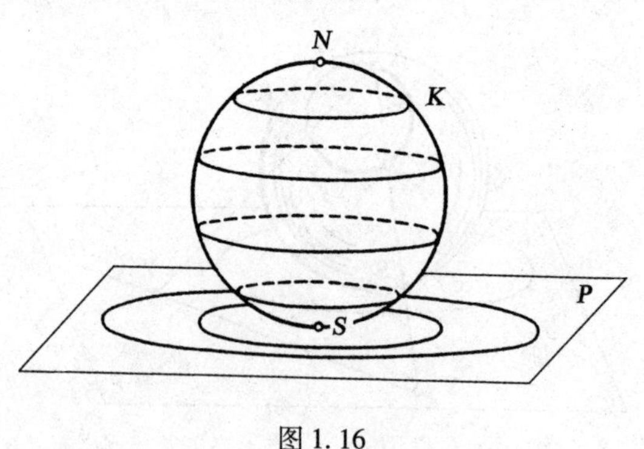

图 1.16

§1.3　反演

我们在平面 P 上取定一个以点 O 为中心，r 为半径的圆．具有中心 O 和半径 r 的平面的反演，是由如下法

则决定的平面的变换：把不同于点 O 和 O_∞ 的点 X 送到点 X'，它在射线 OX 上，且满足方程

$$OX' = \frac{r^2}{OX}$$

（图1.17），把点 O 送到点 O_∞，把点 O_∞ 送到点 O.

图1.17中描绘的以 O 为中心，r 为半径的圆，叫作**反演圆**．若 X 在反演圆上，则 $OX = r$，因此

$$OX' = \frac{r^2}{OX} = r$$

由于点 X 和 X' 都在射线 OX 上，所以点 X 和 X' 重合，由此得到，反演圆上的所有点都是不动点，反演圆自身是不变图形．

反演变换把位于反演圆内且异于点 O 的点，变到反演圆外的一点，反之，把位于反演圆外且异于点 O_∞ 的点，变到这个圆内部的一点．

对于前一种情形，我们有 $OX < r$，因此

$$OX' = \frac{r^2}{OX} > \frac{r^2}{r} = r$$

说明点 X' 确实在反演圆外．对于后一种情形，可类似地讨论．

这样，任意一点 X 和它的象 X'，位于射线 OX 上，且在反演圆的不同侧，当然，该结论假设 X 不在反演圆上（图1.17）.

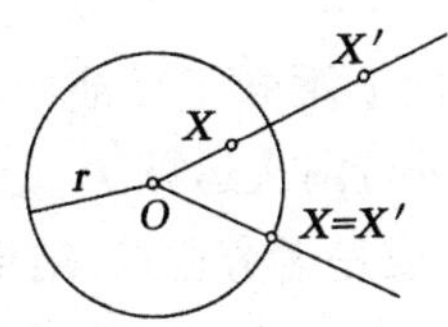

图1.17

反　演

若点 X 任意接近点 O(OX 趋近于零),则它的象点 X' 离点 O 变得无限远,这一点,从关系式

$$OX' = \frac{r^2}{OX}$$

可以清楚地看到(图1.18). 由此得到,点 X' 趋于无穷远点. 类似地,我们能够证明,若点 X 任意远离点 O,则它的象 X' 任意接近点 O. 这样,我们可以很自然地定义点 O 在反演之下的象是点 O_∞,反之亦然.

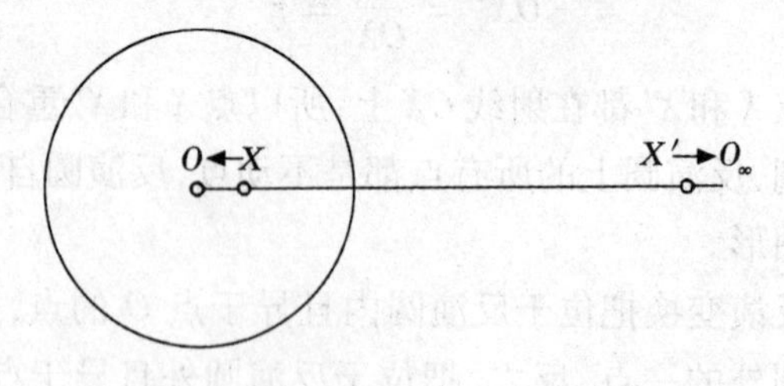

图1.18

设点 X 是不同于点 O 及 O_∞ 的点,T 是具有中心 O 和半径 r 的平面的反演. 我们用 X' 表示 $T(X)$,用 X'' 表示 $T(X')$,于是所有的点 X,X',X'' 位于同一条射线 OX 上,且满足方程

$$OX' = \frac{r^2}{OX}, \quad OX'' = \frac{r^2}{OX'}$$

由此得到

$$OX'' = \frac{r^2 OX}{r^2} = OX$$

这样,若点 X 是平面上不同于反演中心和无穷远点的任意一点,则连续进行两次运算 T,就把点 X 变成它自身. 若点 X 是点 O 或是无穷远点,结果也一样:在连续进行两次反演之下,点 X 变成它自身. 这是由反演的

定义直接得到的结果,我们可以把它明确表述为下述定理.

定理1.1 由一个反演和它自身复合而成的平面的变换是恒同变换.

最后,我们注意到,若反演 T 把点 X 变成点 X',则 T 也把点 X' 变成点 X;也就是,反演将点 X 和 X' 对换位置.这使我们想起关于直线的反射,它们有相同的性质,这就是为什么有时把反演叫作关于圆的反射的理由.

§1.4 反演的性质

在这一节,我们将取定 T 作为具有中心 O 和半径 r 的平面上的反演.

首先,我们来证明一个简单的引理,它对于研究反演的性质,将起重要的作用.

引理1.1 设点 A 和点 B 是平面上互不相同且与点 O 及 O_∞ 相异的两点,而且点 O,A,B 不共线,记 $A'=T(A),B'=T(B)$,则 $\triangle OAB$ 与 $\triangle OB'A'$ 相似,对应部分由字母顺序 OAB 与 $OB'A'$ 指出.

证明 $\triangle OAB$ 与 $\triangle OB'A'$(图1.19)有公共角,该公共角的两边是成比例的,为了证明这一点,我们注意到

$$OA\cdot OA'=\frac{OA\cdot r^2}{OA}=r^2=\frac{OB\cdot r^2}{OB}=OB\cdot OB'$$

于是我们有

$$\frac{OA}{OB}=\frac{OB'}{OA'}$$

由此得到 $\triangle OAB$ 与 $\triangle OB'A'$ 相似．又由于在相似三角形中，等角对着成比例的边，因此，从比

$$\frac{OA}{OB}=\frac{OB'}{OA'}$$

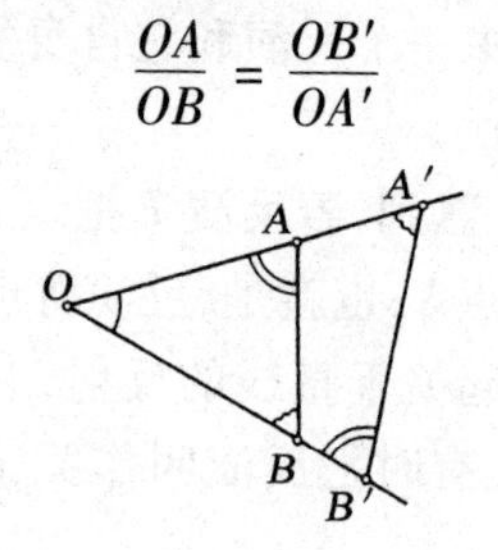

图 1.19

得到对应角的等式

$$\angle OAB = \angle OB'A'$$

$$\angle OBA = \angle OA'B'$$

这就证明了字母顺序 OAB 与 $OB'A'$ 指明了对应部分．

定理 1.2　反演 T 把经过反演中心的任意一条直线变成它自身，也就是，经过反演中心的直线是不变图形．

由反演的定义容易得到这个定理的证明．

定理 1.3　反演 T 把不经过反演中心 O 的直线，变成经过点 O 的圆．

证明　设 l 是不经过反演中心 O 的直线，从点 O 作直线 l 的垂线，与 l 相交于点 M（图 1.20）．设 M' 是 M 在 T 之下的象，显然，点 M' 位于线段 OM 上．考察直线 l 上的任意一点 X（异于 O_∞），设 X' 是 X 在 T 之下的象．由引理 1.1，我们有

$$\angle OX'M' = \angle OMX = \frac{\pi}{2}$$

因此，由初等几何中有关直角三角形和圆的直径的定

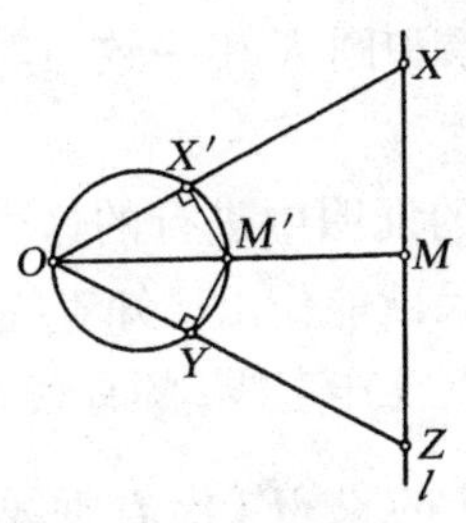

图1.20

理，我们得到点X'位于以线段OM'为直径的圆K上．由于这个叙述对于直线l上所有的点X都成立，因此，直线l在T之下的象l'包含在圆K中．

现在我们必须证明点的集合l'恰与圆K的点的集合相一致，为此我们还必须证明K也包含在l'中．首先，我们注意到，由于点O是O_∞的象，而O_∞包含在l中，因此点O包含在集合l'中．现在设Y是圆K上异于O的任意一点，射线OY与直线l交于某一点Z，我们断言点Y是点Z在T之下的象．由于点Y和Z都位于同一条射线OZ上，因此，我们只需证明Y满足

$$OY=\frac{r^2}{OZ}$$

由作图得到$\triangle OYM'$与$\triangle OMZ$（图1.20）是相似的，因此

$$\frac{OY}{OM'}=\frac{OM}{OZ}$$

所以
$$OY=\frac{OM\cdot OM'}{OZ}=\frac{r^2}{OZ}$$

这正是想要的结果．这样，点Y是点Z在T之下的象．由于对于圆K上所有的点Y，都有上述结论，因此K包含在l'之中．由于前面已经证明了l'包含在K之中，因

此我们断定 l 的象和圆 K 相一致，这正是定理所要求的.

在定理1.3的证明中进行的这个作图，使我们能够仅用圆规和直尺就能作出已知直线在反演 T 之下的象. 从反演中心点 O 作直线 l 的垂线 OM（图1.20），如前所述，作出点 M 的象 M'（沿着垂线作一长为 $\frac{r^2}{OM}$ 的线段 OM'），作出以线段 OM' 为直径的圆 l'，它就是直线 l 的象.

特殊情形，当直线 l 与反演圆相切时，点 M 与 M' 重合，圆 l' 是以线段 OM 为直径的圆. 若 l 与反演圆相交于两点 X 和 Y，则由于点 O 必须在圆 $K = l'$ 上，因此圆 K 由点 O 及不动点 X 和 Y 完全决定.

定理1.4　反演 T 把经过反演中心 O 的圆，变成不经过 O 的直线.

这个定理的证明可以从 T 和它自身的复合是恒同变换这个事实及定理1.3得到.

定理1.5　反演 T 把不经过反演中心 O 的圆，变成另一个不经过 O 的圆.

证明　设 K 是不经过点 O 的圆. 我们经过点 O 作直线 g，使得它贯穿圆 K 于直径 AB（图1.21）. 设 A' 和 B' 是点 A 和 B 在 T 之下的象，X 是圆 K 上异于 A，B 的任意一点，X' 是它的象.

由引理1.1得到，$\triangle OXA$ 与 $\triangle OA'X'$ 是相似的，因此

$$\angle OA'X' = \angle OXA$$

类似地，$\triangle OXB$ 与 $\triangle OB'X'$ 相似，因此

$$\angle OB'X' = \angle OXB$$

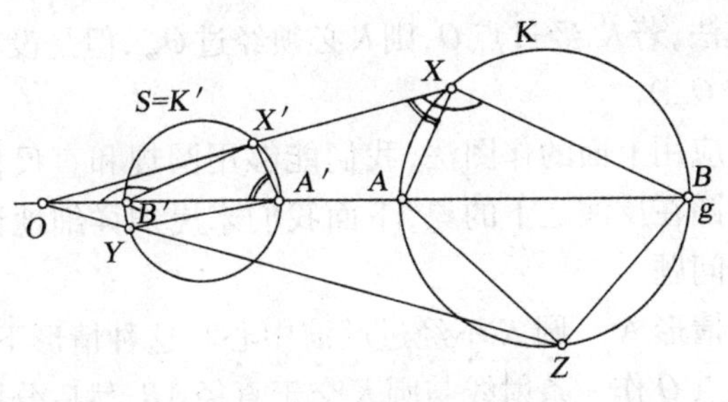

图 1.21

由于

$$\angle A'X'B' = \angle OB'X' - \angle OA'X' = \angle OXB - \angle OXA$$

$$= \angle AXB = \frac{\pi}{2}$$

因此得到点 X' 位于以线段 $A'B'$ 为直径的圆 S 上. 由于点 X 是圆 K 上的任意一点,所以 K 在 T 之下的象 K' 包含在圆 S 之中. 为了证明 K' 与 S 相一致,我们还必须反过来证明 S 也包含在 K' 之中. 设点 Y 是圆 S 上异于点 A',B' 的任意一点,点 Z 在射线 OY 上,满足

$$OZ = \frac{r^2}{OY}$$

显然,反演 T 把点 Z 变成点 Y. 进一步,由于点 A',B' 和 Y 分别是点 A,B 和 Z 在 T 之下的象,所以根据引理 1.1,我们可以断言

$$\angle AZB = \angle OZB - \angle OZA = \angle OB'Y - \angle OA'Y$$

$$= \angle A'YB' = \frac{\pi}{2}$$

因此,点 Z 在圆 K 上. 由此得到图形 S 与 K' 重合. 由作图知,圆 K 的直径的端点点 A 和 B 是与点 O 不同的,并且位于射线 OA 上. 因此,圆 K' 不经过点 O(或者,换

个说法,若 K' 经过点 O,则 K 必须经过 O_∞,但是没有圆包含 O_∞).

应用上面的作图法,我们能够用圆规和直尺作出一个圆在反演之下的象,下面我们来更加详细地讨论这个问题.

情形 A　圆 K 不经过反演中心.这种情形下,我们从点 O 作一条射线与圆 K 交于直径 AB,然后分别作出点 A 和 B 的象点 A' 和 B',以线段 $A'B'$ 为直径的圆 K'(图 1.22) 恰好是圆 K 在 T 之下的象.

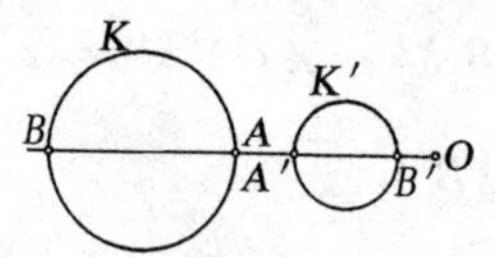

图 1.22

情形 B　圆 K 经过反演中心.这种情形下,根据定理 1.4,圆 K 的象是一条直线 K'.我们从点 O 作射线 OA,它和 K 交于直径 OA(图 1.23).然后作 A 的象 A',过点 A' 作垂直于射线 OA 的直线即为所要求的直线 K'.

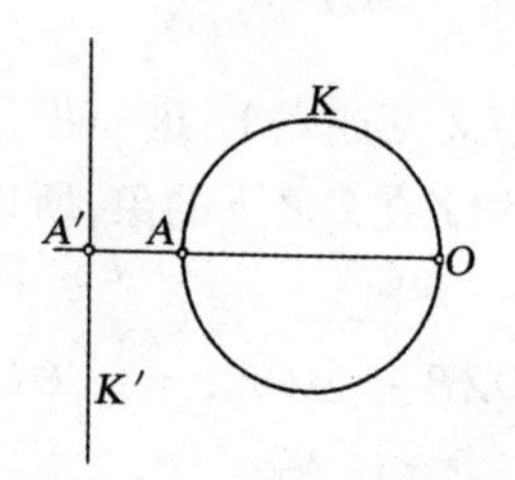

图 1.23

直线 K' 的作图可以简化为下列两种情形:

1. 若圆 K 与反演圆相交于两点 B 和 C,则直线 K' 与线段 BC 所在的直线重合(图 1.24).

2. 若圆 K 与反演圆相切于某一点,则直线 K' 与反演圆相切于同一点(图 1.25).

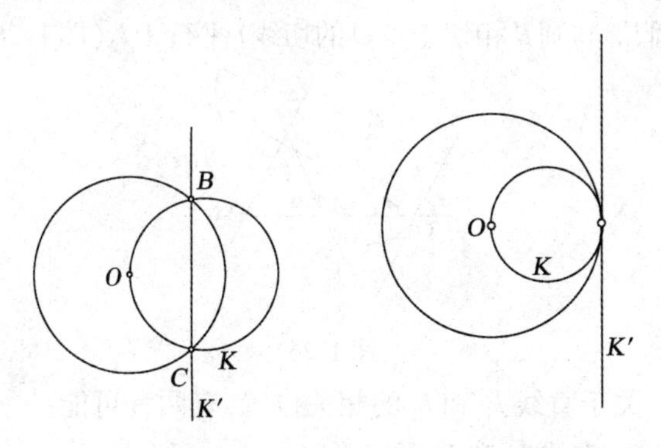

图 1.24　　图 1.25

现在我们来研究反演 T 对于曲线之间的夹角有何影响. 正如我们所知道的,两条曲线 L_1 和 L_2 在它们的交点处的夹角,是在该点处它们的切线之间的夹角中较小的一个. 可以证明,反演保持两曲线间的夹角不变. 下面我们将对圆和直线的情形来证明这个结论.

定理 1.6　两条直线之间的夹角,等于它们在反演 T 之下的象之间的夹角.

证明　这里可能出现 3 种情形:

1. 直线 l_1 和 l_2 都经过反演中心 O.

2. 两条直线中恰有一条直线,或者是 l_1 或者是 l_2 经过反演中心 O.

3. 两条直线 l_1 和 l_2 都不经过反演中心 O.

对第 1 种情形,定理显然成立, 我们来研究第 2 种和第 3 种情形.

对第 2 种情形,不失一般性,我们可以假设直线 l_1 经过反演中心 O,直线 l_2 不经过(图 1.26). 于是反演 T

把直线 l_1 变成它自身,也就是直线 l_1 的象和 l_1 重合. 直线 l_2 不经过反演中心 O,因此反演 T 把它变成经过点 O 的圆 l_2'. 与圆 l_2' 相切于点 O 的切线 t 平行于 l_2(图 1.26).

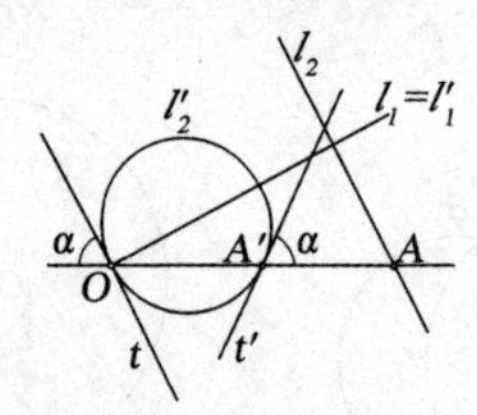

图 1.26

关于直线 l_1 和 l_2 的相关位置,有两种可能:

1. 直线 l_1 和 l_2 可能平行;
2. 直线 l_1 和 l_2 可能相交于点 A.

若直线 l_1 和 l_2 平行,则它们之间的夹角显然是零. 但是,直线 l_1 经过点 O 且平行于 l_2,因此 l_1 必与和圆 l_2' 相切于点 O 的切线 t 重合. 由此得到 l_1' 和 l_2' 之间的夹角是零. 因此,对于情形 1,定理得到证明.

现在设直线 l_1 和 l_2 不平行,它们相交于点 A. 设 α 是直线 $l_1 = l_1'$ 和直线 l_2 之间的夹角中较小的一个,它等于直线 l_1 和直线 t 之间的夹角. 反演把点 A 变成某一点 A',它是直线 l_1' 和圆 l_2' 的交点. 但是,直线 l_1' 即直线 OA',它与圆 l_2' 在点 A' 处的切线 t' 交成的角,必须和它与圆 l_2' 在点 O 处的切线 t 交成的角相等. 由于 t 平行于 l_2,所以这个角就等于 α. 对于第 2 种情形的证明完成.

对第 3 种情形,可以类似地证明. 我们只需注意到,若直线 l_1 和 l_2 是平行的,则对应的圆 l_1' 和 l_2' 相切于点 O,因此交角为零,而平行直线 l_1 和 l_2 的交角也为零. 若直线 l_1 和 l_2 相交,则从图 1.27 显然得到圆 l_1' 和 l_2' 在

点 O 处的夹角等于直线 l_1 和 l_2 的夹角(这是因为圆 l_1' 和 l_2' 在点 O 处的切线 t_1 和 t_2 分别平行于直线 l_1 和 l_2).这就完成了定理的证明.

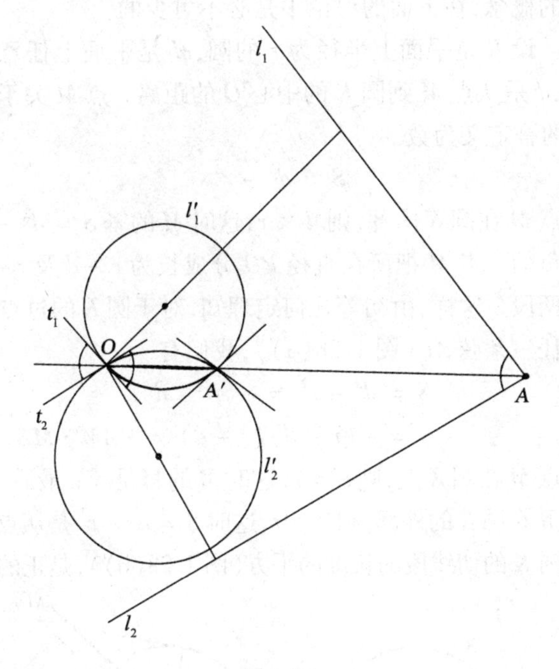

图 1.27

我们把下列定理的证明留给读者,作为一个有益的练习.

定理 1.7　两个圆之间的夹角,等于它们在反演之下的象之间的夹角.

定理 1.8　圆和直线之间的夹角,等于它们在反演之下的象之间的夹角.

§1.5　一点关于圆的幂．两圆的根轴

一点关于圆的幂的概念,类似于一点到直线的距离的概念,在下面的讨论中是必不可少的．

设 K 是平面上半径为 r 的圆,M 是平面上任意一点,d 是从点 M 到圆 K 的中心 O 的距离．点 M 关于圆 K 的幂定义为数

$$S = d^2 - r^2$$

若点 M 在圆 K 内部,则 $d < r$,这时 M 的幂 $S = d^2 - r^2$ 是负的．点 M 把所在直径 PQ 分成长为 $r + d$ 及 $r - d$ 的两段．这样,由初等几何定理知,对于圆 K 的过点 M 的任一条弦 AB(图 1.28(a)),我们有

$$\begin{aligned} S &= d^2 - r^2 = -(r^2 - d^2) \\ &= -(r + d)(r - d) = -AM \cdot MB \end{aligned}$$

若点 M 在圆 K 上,则 $d = r$,这时 M 的幂是零．最后,若点 M 在圆 K 的外部,则 $d > r$,这时 $S = d^2 - r^2$ 是从点 M 到圆 K 的切线段的长度的平方(图 1.28(b)),是正的．

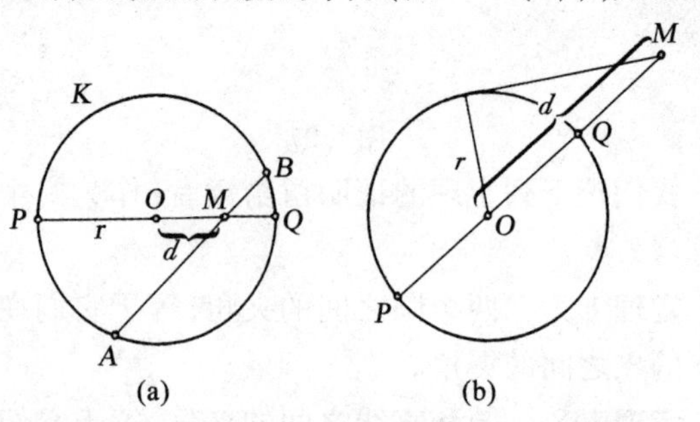

图 1.28

假设我们给出两个圆 K_1 和 K_2,关于这两个圆的幂相等的点的轨迹,叫作圆 K_1 和 K_2 的根轴．

我们有下述定理:

定理1.9　若圆 K_1 和 K_2 是非同心圆,则它们的根轴是垂直于它们的连心线的直线.

证明　设 O_1 和 r_1,O_2 和 r_2 分别是圆 K_1 和 K_2 的中心和半径.设 d_1 和 d_2 分别是任意一点 M 到中心 O_1 和 O_2 的距离.于是点 M 关于 K_1 的幂是

$$S_1 = d_1^2 - r_1^2$$

点 M 关于 K_2 的幂是

$$S_2 = d_2^2 - r_2^2$$

点 M 在 K_1 和 K_2 的根轴上,当且仅当

$$S_1 = S_2$$

也就是

$$d_1^2 - r_1^2 = d_2^2 - r_2^2$$

这个式子成立,当且仅当

$$d_1^2 - d_2^2 = r_1^2 - r_2^2$$

因为 r_1 和 r_2 是给定的,所以上述方程的右端是常数.这样,K_1 和 K_2 的根轴是适合

$$d_1^2 - d_2^2 = k$$

的点 M 的集合,此处 k 是某个常数,d_1 和 d_2 定义如前.不失一般性,我们可以假设 $k \geqslant 0$,这是因为,在相反的情况下,我们只需简单地交换圆 K_1 和 K_2,就可得到 $k \geqslant 0$.我们断言在连心线 O_1O_2 上有唯一一点 S 满足

$$O_1S^2 - O_2S^2 = k$$

显然,由于 $k \geqslant 0$ 蕴涵 $O_1S \geqslant O_2S$,因此这样的点 S(如果它存在)必须或者与线段 O_1O_2 的中点 H 重合,或者位于 H 的右侧(图1.29).这样,如果 S 存在,就有

$$O_1S + O_2S = O_1O_2 \tag{1}$$

或者

$$O_1S - O_2S = O_1O_2 \quad (2)$$

S S
O_1 H O_2

图 1.29

若 $0 \leqslant k \leqslant (O_1O_2)^2$，则由于 $k = (O_1S + O_2S)(O_1S - O_2S)$，所以情形(1)必须成立，因此在线段 HO_2 上存在唯一一点 S，满足

$$k = (O_1S + O_2S)(O_1S - O_2S) = O_1O_2(O_1S - O_2S)$$

类似地，若 $k > (O_1O_2)^2$，则情形(2)成立，并且在 O_2 的右侧有唯一一点 S，满足

$$k = (O_1S + O_2S)(O_1S - O_2S) = (O_1S + O_2S)O_1O_2$$

现在设点 X 是 K_1 和 K_2 的根轴上的任意一点，也就是平面上满足

$$O_1X^2 - O_2X^2 = k$$

的任意一点．设点 Y 是点 X 在直线 O_1O_2 上的射影，根据勾股定理，我们有(图 1.30)

$$O_1X^2 - O_1Y^2 = XY^2$$

$$O_2X^2 - O_2Y^2 = XY^2$$

由此得到

$$O_1X^2 - O_1Y^2 = O_2X^2 - O_2Y^2$$

因此

$$O_1Y^2 - O_2Y^2 = O_1X^2 - O_2X^2 = k \quad (3)$$

由于点 Y 在直线 O_1O_2 上，且满足关系式(3)，所以它必须与点 S 重合．这样，点 X 就位于过点 S 垂直于连心线 O_1O_2 的垂线 l 上．反之，由类似的讨论容易证明，直线 l 上所有的点 Z 皆满足

$$O_1Z^2 - O_2Z^2 = O_1Y^2 - O_2Y^2 = k$$

于是,所求的点的轨迹是这样一条垂直于连心线的直线,定理证毕.

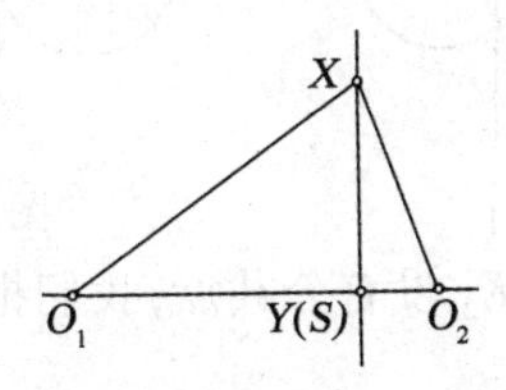

图1.30

现在我们来研究两个非同心圆的根轴的作图(用直尺和圆规). 如上所述,我们假设半径较长的圆是K_1,因此

$$k = r_1^2 - r_2^2 \geqslant 0$$

如同上面已经证明的,若O_1和O_2是圆K_1和K_2的中心,点H是O_1O_2的中点,则圆K_1和K_2的根轴是过点S垂直于直线O_1O_2的直线,点S位于直线O_1O_2上H的右侧. 于是,根轴的作图归结为在直线O_1O_2上作出点S.

下面我们来研究当圆K_1和K_2由三种不同的情形给出时,根轴l的作图:

1. K_1和K_2相交于两点A和B(图1.31). 由于点A和B关于两个圆的幂必是零,因此根轴l必和直线AB重合(在这个情形,根轴交连心线于线段O_1O_2内部一点).

2. K_1和K_2有唯一的公共点A,两圆在这点相切(图1.32). 点A关于这两个圆K_1和K_2的幂是零. 这样,根轴l经过点A,又因为l垂直于连心线O_1O_2,因此它必与K_1和K_2在点A的公切线重合(在这个情形,根轴也与线段O_1O_2交于其内部一点).

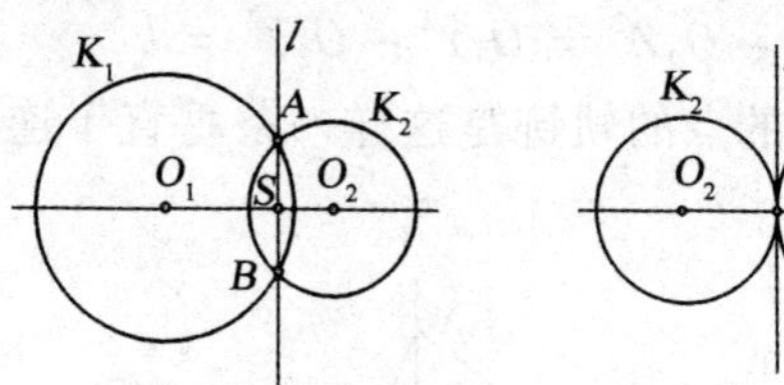

图 1.31　　图 1.32

3. 圆 K_1 和 K_2 没有公共点，我们把这个情形再细分成两种情形：

a. 圆 K_1 和 K_2 互相位于其外部(图 1.33). 我们画出 K_1 和 K_2 的两条公切线 PQ 和 RT，它们的中点分别为 H_1 和 H_2. 因为位于圆 K_1 外部的点 X 关于 K_1 的幂等于从点 X 到 K_1 的切线长的平方，所以上述中点 H_1 和 H_2 关于每一个圆 K_1 和 K_2 有相等的幂，因此它们位于根轴 l 上，于是它们决定的直线 H_1H_2 即为根轴 l. 明显地，圆 K_1 和 K_2 分别位于根轴 l 的两侧(在这个情形，l 也与连心线交于线段 O_1O_2 内部一点).

b. 圆 K_2 位于圆 K_1 的内部(图 1.34). 这时，$r_1-r_2\geqslant O_1O_2$，因此

$$k=r_1^2-r_2^2=(r_1+r_2)(r_1-r_2)>(O_1O_2)^2$$

这样，根轴与连心线 O_1O_2 的交点 S 位于点 O_2 的右侧

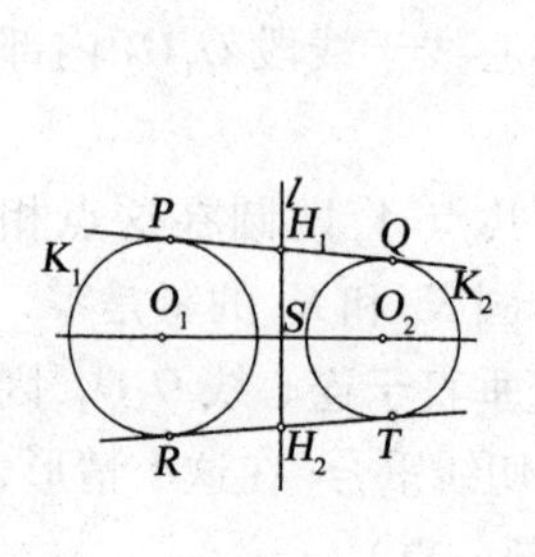

图 1.33

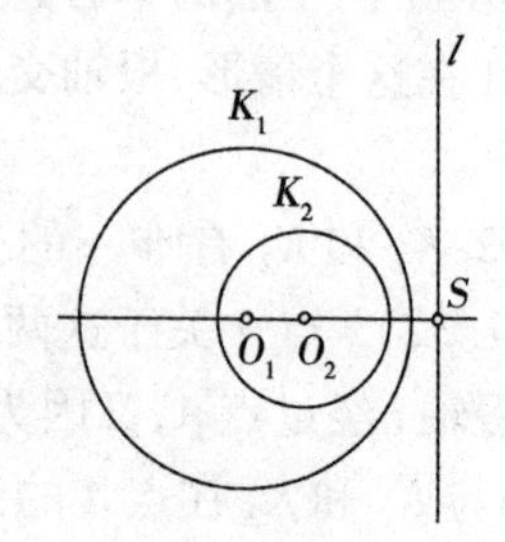

图 1.34

(证明如前),且满足

$$(O_1S + O_2S)(O_1O_2) = k$$

设 $O_1O_2 = c$,于是上式变成

$$O_1S + O_2S = \frac{k}{c}$$

由于 S 位于 O_2 的右侧,所以 $O_1S = O_1O_2 + O_2S = c + O_2S$,于是上述方程变成

$$c + 2O_2S = \frac{k}{c}$$

或

$$O_2S = \frac{k}{2c} - \frac{c}{2}$$

由于 k 是可以由 r_1 和 r_2 推算出来的,且 c 是给定的,因此 O_2S 的长度可以推算出来,又由于直线 O_1O_2 及点 O_2 是定的,因此点 S 及直线 l 可以作出．在这个情形,根轴 l 位于圆 K_1 的外部,因而两个圆 K_1 和 K_2 位于 l 的同一侧．

于是在每一种情形,我们能用直尺和圆规作出圆 K_1 和 K_2 的根轴 l.

在本节结尾,我们注意到,那些到 K_1 和 K_2 的切线等长的点的轨迹,在情形 2 和 3 中,是整个的根轴,而在情形 1 中,是根轴上除去线段 AB 以外的部分(此处点 A 和 B 是圆 K_1 和 K_2 的交点).

§1.6　反演在解作图题中的应用

对于平面几何中的古典的作图题,使用反演变换,能够得到若干巧妙的解法,我们来研究下列问题．在这些问题中,要求作出与一个圆或几个圆相切或正交的圆.

Ⅰ. 关于相切圆的问题.

问题1　已知相交于某一点 O 的三个不相切的圆 K_1, K_2 和 K_3,希望作出与这三个圆 K_1, K_2, K_3 都相切的所有圆. 不难看出这个问题有四个解(图 1.35 中用虚线画出的圆).

反演的方法使我们能容易地找出这些解. 设 T 是具有中心 O 和半径 r 的反演,且这个反演圆与圆 K_1, K_2, K_3 分别交于点对 A_1, B_1; A_2, B_2; A_3, B_3. 由于圆 K_1, K_2 和 K_3 全都经过点 O,因此反演 T 把这些圆变成直线 A_1B_1, A_2B_2 和 A_3B_3. 又由于没有两个圆是相切的,因此这些直线两两相交. 这样,我们的问题就转化为求作与直线 A_1B_1, A_2B_2, A_3B_3 皆相切的所有的圆. 明显地,这些直线组成的 $\triangle DEF$(图 1.35) 将有一个内切圆和三个外切圆①. 这些圆的作图是没有困难的,再用§1.4 给出的法则,我们可以作出这四个圆在反演 T 之下的象. 它们就是我们所要求作的圆.

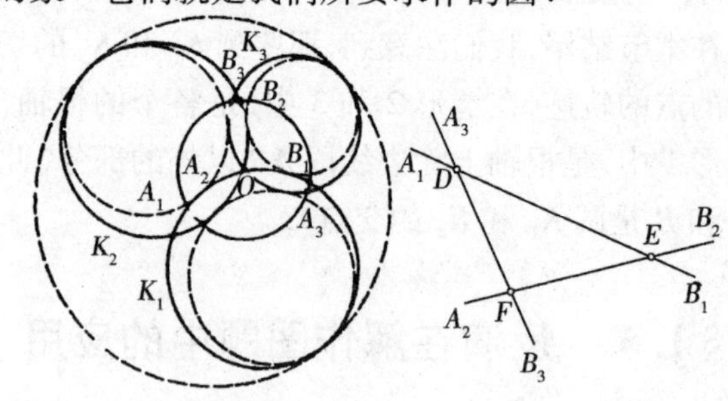

图 1.35

① 这里所说的三角形的外切圆,即我们通常所说的三角形旁切圆. —— 中译者注

问题2　求作与两个已知圆 K_1 和 K_2 相切且经过 K_1 和 K_2 外的一个已知点 O 的所有圆.

假设 R 是所求作的一个圆. 设 T 是具有中心 O 的反演. 于是 T 把 K_1 和 K_2 分别变成圆 K_1' 和 K_2',把圆 R 变成圆 K_1' 和 K_2' 的公切线 R'. 显然,作为本题的解的圆是圆 K_1' 和 K_2' 的公切线在 T 之下的象. 由于这些切线最多可以有4条(图1.36),因此本题最多有4个解.

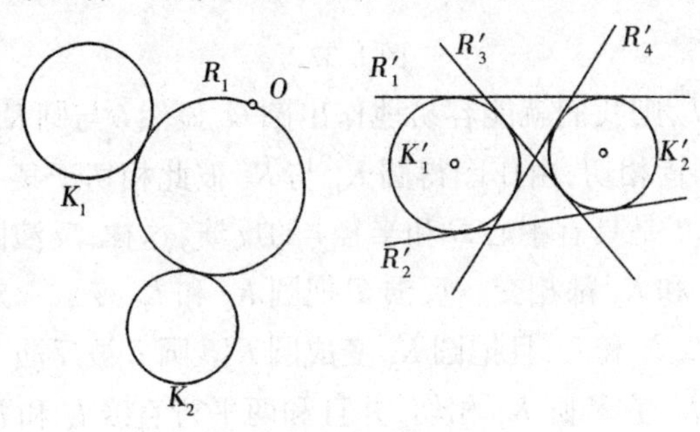

图1.36

问题3　(阿波罗尼奥斯问题)求作与三个已知圆皆相切的所有圆.

我们将给出这个问题的两种解法.

解法1　设半径为 R 的圆 L 是所求作的一个圆(图1.37). 我们联结圆 K_1 和 K_3 的中心得到线段 O_1O_3,分别以 O_1,O_2 和 O_3 为中心,画出半径为 r_1+s,r_2+s 和 r_3+s 的圆,此处 r_1,r_2 和 r_3 是圆 K_1,K_2 和 K_3 的半径

$$s=\frac{O_1O_3-r_1-r_3}{2}$$

我们分别用 $\bar{K}_1$,$\bar{K}_2$ 和 $\bar{K}_3$ 表示这些画出的圆. 设 $\bar{L}$ 是与 L 同心的圆,它的半径 $\bar{R}=R-s$. 很明显,若我们能作

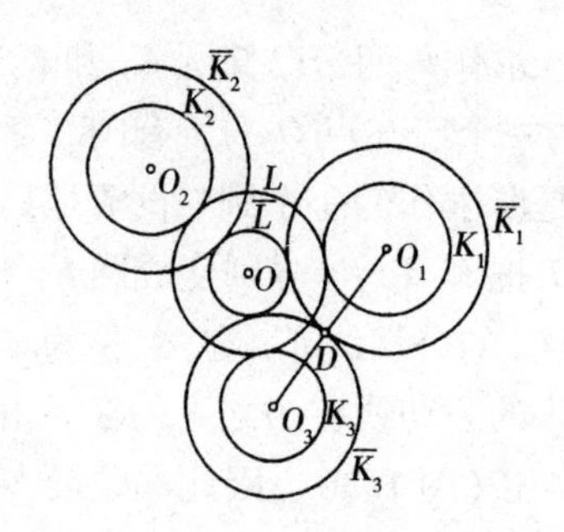

图 1.37

出圆 $\bar{L}$，则我们就能容易地作出圆 L. 显然 $\bar{L}$ 与圆 $\bar{K}_1$，$\bar{K}_2$ 和 $\bar{K}_3$ 皆相切，由作图得圆 $\bar{K}_1$ 与 $\bar{K}_3$ 彼此相切于某一点 D. 设 T 是具有中心 D 和半径 r 的反演，这样，反演圆与圆 $\bar{K}_1$ 和 $\bar{K}_3$ 都相交. 反演 T 把圆 $\bar{K}_1$ 和 $\bar{K}_3$ 变成一对平行直线 l_1 和 l_3，且把圆 $\bar{K}_2$ 变成圆 $\bar{K}_2'$. 圆 $\bar{L}$ 被反演 T 变成圆 $\bar{L}'$，它和圆 $\bar{K}_2'$ 相切，并且和两平行直线 l_1 和 l_3 也相切. 这样，就把阿波罗尼奥斯问题转化为一个简单的作图题：求作与一对已知平行直线及一个已知圆皆相切的所有圆.

我们把这个问题的解留给读者，并建议读者去验证在上述作图中能用圆对 K_1 和 K_2 或 K_2 和 K_3 去代替圆对 K_1 和 K_3.

解法 2　我们运用一个辅助作图，把阿波罗尼奥斯问题转化成问题 2. 不失一般性，我们假设圆 K_3 的半径 r_3 满足 $r_1 \geqslant r_3$ 且 $r_2 \geqslant r_3$. 假设 L 是与圆 K_1，K_2 和 K_3 皆相切的一个圆. 我们分别作出以点 O_1 和 O_2 为中心，$\rho_1 = r_1 - r_3$ 和 $\rho_2 = r_2 - r_3$ 为半径的圆 $\bar{K}_1$ 和 $\bar{K}_2$（图 1.38）. 作出以点 O 为中心，$\rho = R + r_3$ 为半径的圆 $\bar{L}$，此处点 O 是圆 L 的中心，R 是圆 L 的半径，则圆 $\bar{L}$ 将与

圆 $\bar{K}_1$ 和 $\bar{K}_2$ 相切,且经过点 O_3,而这个圆 $\bar{L}$ 的作图法,在问题 2 的解中已经给出.

作出的圆 $\bar{L}$ 与所求作的圆 L 同心,且 $\bar{L}$ 的半径比 L 的半径大 r_3. 解的其余部分留给读者作为练习.

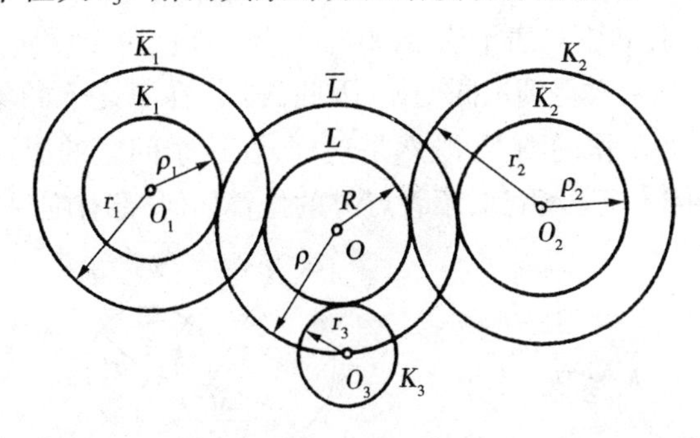

图 1.38

Ⅱ. 与已知圆正交的圆的作图.

若两条曲线在交点 M 处的切线互相垂直,我们就说这两条曲线在点 M 垂直相交,或者说它们在点 M 正交.

问题 4　已知两个非同心的圆 K_1 和 K_2,求作经过已知点 M 且与圆 K_1 和 K_2 正交的所有圆.

根据圆 K_1,K_2 和点 M 的不同的相关位置,把这个问题的解,细分为如下几种情形:

1. 圆 K_1 和 K_2 相交于两点 A 和 B(图 1.39(a)). 显然,若点 M 和 A,B 之一重合,则所求作的圆 k 存在,仅当圆 K_1 和 K_2 中有一个圆的半径为零. 因此,下面我们将只研究点 M 与点 A 和 B 不同的情形.

设 T 是具有中心 A 和半径 $r = AB$ 的反演变换. 于是 T 把点 M 变成某一点 M',点 B 保持不变,圆 K_1 和 K_2 变成经过点 B 的不同直线 K_1' 和 K_2'(图 1.39(b)). 所求

圆 k 在 T 之下的象 k' 必是一个圆或是一条直线，它与两不平行的直线 K_1' 和 K_2' 正交，并且经过与点 A 和点 B 不同的一点 M'. 明显地，仅有一个圆满足这些条件（没有直线 k' 满足上述条件）. 这个圆的中心为 B，半径为 BM'，我们用 k' 表示这个圆（图1.39(b)）. 由于反演 T 连续施行两次得到恒同变换，因此，圆 k' 在 T 之下的象即是所要求作的圆 k. 既然是这样，在这个问题的上述解答中我们已经得到，不管点 M 的位置如何，都有唯一解.

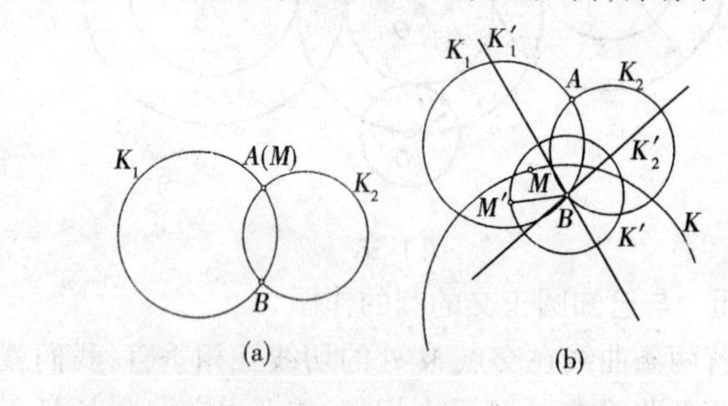

图 1.39

2. 圆 K_1 和 K_2 相切于一点 A. 如果点 M 与点 A 重合，则本题有无穷多解：首先，联结圆 K_1 和 K_2 的中心的直线 O_1O_2 是它的解. 其次，中心位于圆 K_1 和 K_2 在点 A 处的公切线 l 上，且经过点 A 的任意一个圆，都是它的解（图 1.40）.

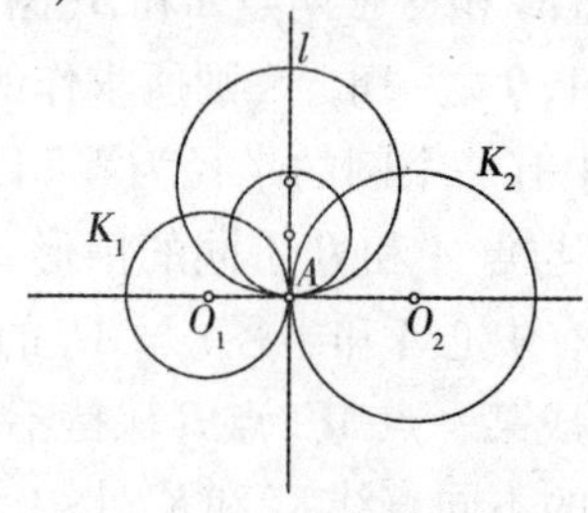

图 1.40

现在,设点M是平面上除点A以外的任一点. 设T是具有中心A和半径$r = AM$的反演变换. 于是反演T不改变点M,把圆K_1和K_2变成两平行直线K_1'和K_2'(图1.41). 所求作的圆k在T之下的象k',应该是一个圆或者是一条直线,它们经过点M,并且与两平行直线K_1'和K_2'正交,显然k'必须是直线而不是圆. 由于直线k'必须经过不动点M,并且必须垂直于两条平行直线K_1'和K_2',因此它是唯一确定的. 反演T把直线k'变成所要求作的圆k.

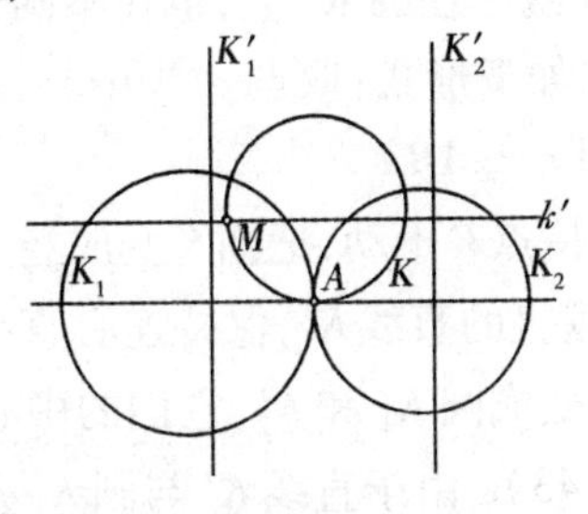

图1.41

从而得知,在这种情形下,当点M与点A不同时,本题有唯一解.

3. 圆K_1和K_2没有公共点. 我们断言,在连心直线O_1O_2上有一点A(图1.42),以A为中心的反演T把圆K_1和K_2变成一对同心圆.

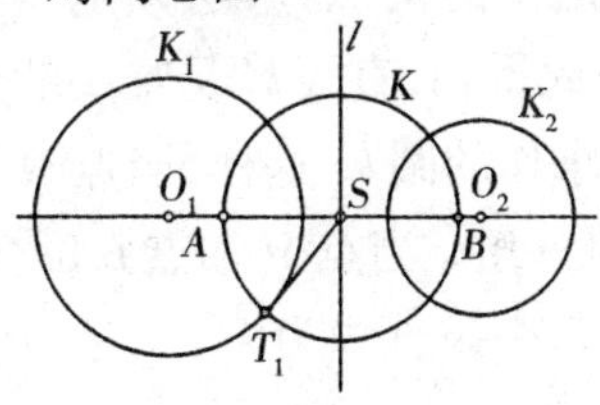

图1.42

设 l 是圆 K_1 和 K_2 的根轴，S 是 l 和连心直线 O_1O_2 的交点．正如我们在 §1.5 所指出的，由于 K_1 和 K_2 没有公共点，所以点 S 位于两圆 K_1 和 K_2 的外部．我们从点 S 作圆 K_1 的切线，切点为 T_1．以 S 为中心，$R = ST_1$ 为半径的圆 K 与圆 K_1 和 K_2 正交．对于圆 K_1，上述结论从作图直接可得．对于圆 K_2，是因为从点 S 到圆 K_2 的切线长等于线段 ST_1 的长，而 ST_1 正是圆 K 的半径．我们用点 A 和 B 表示圆 K 与连心直线 O_1O_2 的两个交点，显然点 A 和 B 既不在圆 K_1 上，也在不圆 K_2 上．

反演 T 取如下形式：取点 A 为中心，取线段 AB 的长为半径 r，即 $r = AB$.

反演 T 保持点 B 不动，把圆 K 变成经过点 B 且与连心直线 O_1O_2 垂直的直线 K'，保持连心直线 O_1O_2 不变，把圆 K_1 和 K_2 变成圆 K_1' 和 K_2'，它们的中心在连心直线 O_1O_2 上(图 1.43)．由于直线 K' 与圆 K_1' 及 K_2' 皆正交，因此，圆 K_1' 和 K_2' 的中心必须在直线 K' 上．由此得到，圆 K_1' 和 K_2' 的中心位于直线 K' 与 O_1O_2 的交点上，也就是，圆 K_1' 和 K_2' 是以点 B 为中心的同心圆．

现在我们假设点 M 与点 A,B 不同．于是点 M 在 T 之下的象 M' 也与点 A,B 不同．若 k' 是我们所求作的一个圆 k 在 T 之下的象，则 k' 必须是一条经过点 B 和 M' 的直线．由此得到，直线 k' 是唯一的．应用反演 T，我们得到所要求作的圆 k. 这样，当点 M 与点 A,B 不同时，本问题有唯一解．当点 M 和点 B 重合时，我们可以取经过点 B 的任一条直线为 k'，于是，在这种情况下，本题有无穷多解．

当点 M 和点 A 重合时，本题也有无穷多解．为了

图 1.43

证明这一点，只需在上述作图中，进行如下替代：考虑具有中心 B 和半径 $r = AB$ 的反演 T_1.

这样，我们已经讨论了点 M 和圆 K_1, K_2 的相关位置的所有可能的情形，本问题到此已完全解决.

问题 5　给出三个圆 K_1, K_2, K_3，使得每一个位于另外两个的外部，求作与这三个圆都正交的所有圆.

解　根据题设，圆 K_1, K_2 和 K_3 的位置使得它们当中任意两个圆的根轴与这两个圆相分离（不相交），因此，圆对 K_1, K_2 和 K_2, K_3 的根轴 l_1 和 l_2 不重合.

有两种可能的情形：

1. 直线 l_1 与 l_2 平行. 于是圆 K_1, K_2 和 K_3 的中心共线，它们所在的直线，即为本题的解.

2. 直线 l_1 与 l_2 相交于一点 S. 根据题设，圆 K_1, K_2 和 K_3 的位置使得它们的根轴位于对应圆对的外部，因

此我们能从点 S 向每个圆 K_1，K_2 和 K_3 作切线，且所有这些切线等长．设 ST_1 是到圆 K_1 的切线（此处 T_1 是切点），记 r 是这个切线的长，以点 S 为中心，r 为半径的圆，显然是我们正在寻找的圆．

从这些讨论得到本题总有唯一解，我们留给读者去核对这个事实．

§1.7　圆束

若 K_1 和 K_2 是平面上的两个圆，则与 K_1 和 K_2 正交的所有圆的集合，就叫作由 K_1 和 K_2 生成的圆束，记为 $P(K_1, K_2)$．通常，如果圆 K_1 和 K_2 在生成的束中不起重要作用，我们就简单地用 P 或 Q 表示这个束．由于我们在前面已经把直线作为圆的特殊情形来考虑（把无穷远点看作是决定它的三个点之一，见 §1.2），因此直线也和圆一样能参与束的生成．

现在我们来考虑以最简单的方式配置的三种束，它们是由特殊配置的圆 K_1 和 K_2 生成的：

1. K_1 和 K_2 是具有公共中心 B 的同心圆．在这个情形下，束 $P(K_1, K_2)$ 显然是经过点 B 的所有直线的集合（图 1.44），这个束叫作基本椭性束．

2. K_1 和 K_2 是相交于一点 B 的直线．在这个情形下，束 $P(K_1, K_2)$ 显然是具有公共中心 B 的所有同心圆的集合（图 1.45），这个束叫作基本双曲性束．

3. K_1 和 K_2 是平行直线．在这个情形下，束 $P(K_1, K_2)$ 显然是垂直于直线 K_1 和 K_2 的所有直线的集合（图 1.46），这个束叫作基本抛物性束．

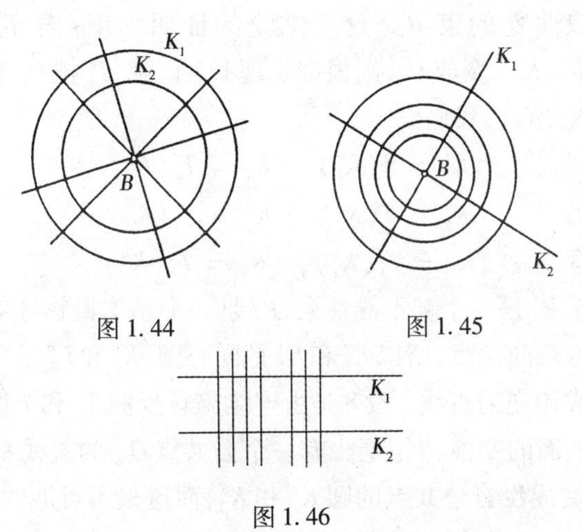

图 1.44　　　　图 1.45

图 1.46

现在我们来研究各种基本束彼此有何不同.

束的类型	圆 K_1 和 K_2 的公共点的个数
椭性的	0
抛物性的	1(无穷远点)
双曲性的	2(点 B 及无穷远点)

由于两个圆(包括直线)不能有多于两个的公共点,因此,在某种意义上说,基本束只有三种不同的"类型".

更精确地说,我们将证明,对于任一对圆 K_1 和 K_2,我们能用适当选择的反演,把束 $P(K_1,K_2)$ 变成上述三个基本束之一. 而且,由于反演是一一变换,因此,任一束 P 只能被反演变成一个具有唯一确定类型的基本束. 例如,若反演 T 把束 $P(K_1,K_2)$ 变成基本椭性束 P',则没有其他任何反演 T_1 能把它变成一个抛物性的

或双曲性的束 P_1. 这个结论的证明如下：若 T_1 把 $P(K_1,K_2)$ 变成 P_1，则根据定理1.1得到，T_1 把 P_1 变成 $P(K_1,K_2)$，我们设

$$K_1' = T(K_1),\quad K_1'' = T_1(K_1)$$

$$K_2' = T(K_2),\quad K_2'' = T_1(K_2)$$

于是 $$K_1 = T_1(K_1''),\quad K_2 = T_1(K_2'')$$

由于 P' 是一个基本椭性束，P_1 是一个基本抛物性束或基本双曲性束，所以 K_1' 和 K_2' 是同心圆，K_1'' 和 K_2'' 是平行的或相交的直线. 设 S 是由连续施行反演 T_1 和 T 得到的平面的变换，S 把至少有一个公共点 O_∞ 的直线 K_1'' 和 K_2'' 变成没有公共点的圆 K_1' 和 K_2'，而这是不可能的，因为图形 $S(K_1'') = T(T_1(K_1'')) = T(K_1) = K_1'$ 和 $S(K_2'') = T(T_1(K_2'')) = T(K_2) = K_2'$ 必须至少有一个公共点.

现在我们能够来证明下列基本定理了.

定理 1.10　a. 若圆 K_1 和 K_2 没有公共点，则存在一个反演或恒同变换 T_1，把 $P(K_1,K_2)$ 变成一个基本椭性束.

b. 若圆 K_1 和 K_2 有唯一的公共点，则存在一个反演或恒同变换 T_2，把 $P(K_1,K_2)$ 变成一个基本抛物性束.

c. 若圆 K_1 和 K_2 有两个公共点，则存在一个反演或恒同变换 T_3，把 $P(K_1,K_2)$ 变成一个基本双曲性束.

定理1.10的证明和我们在 §1.6问题4的解中进行的作图密切相关，接着要做的作图将依赖于下列引理.

引理 1.2　假设反演 T 分别把圆 K_1 和 K_2 变成圆 K_1' 和 K_2'，则束 $P(K_1,K_2)$ 在 T 之下的象是束 $P(K_1',K_2')$.

引理的证明　由于反演保持着圆的正交关系，所以束 $P(K_1, K_2)$ 在 T 之下的象包含在束 $P(K_1', K_2')$ 中．因此，为了证明束 $P(K_1, K_2)$ 的象和束 $P(K_1', K_2')$ 重合，只需证明束 $P(K_1', K_2')$ 也包含在 $P(K_1, K_2)$ 的象中，也就是证明，对于束 $P(K_1', K_2')$ 中的任意一个圆 k'，在束 $P(K_1, K_2)$ 中有一个圆 k，使得 $T(k) = k'$. 若 k' 是束 $P(K_1', K_2')$ 中的一个圆，令

$$k = T(k')$$

则圆 k 与圆 K_1 和 K_2 正交，因此在束 $P(K_1, K_2)$ 中．由于一个反演连续施行两次是一个恒同变换，我们得到

$$T(k) = T(T(k')) = k'$$

于是引理得到证明．

陈述 a 的证明　设 K_1 和 K_2 是没有公共点的两个圆．若 K_1 和 K_2 是同心圆，则束 $P(K_1, K_2)$ 本身就是一个基本椭性束，于是我们可以选取 T_1 为恒同变换．两圆不同心的情形是有趣的，这两个圆中的一个 K_1 或 K_2 可以是直线（但不能两个都是直线，因为那样的话，K_1 和 K_2 将至少有一个公共点 —— 无穷远点 O_∞）．

首先，假设 K_1，K_2 都不是直线（图1.47）．设点 S 是圆 K_1 和 K_2 的根轴 l 与圆 K_1 和 K_2 的连心直线 O_1O_2 的交点（点 S 和直线 l 的作图如 §1.5 所述），因而点 S 位于两圆 K_1 和 K_2 的外部，因此，我们能从点 S 作两圆 K_1 和 K_2 的切线 SQ_1 和 SQ_2（Q_1 和 Q_2 是对应的切点）．由于点 S 在圆 K_1 和 K_2 的根轴上，所以 $SQ_1 = SQ_2$. 因此，以 S 为中心，$a = SQ_1$ 为半径的圆 K 与圆 K_1，K_2 正交．设点 A 和 B 是圆 K 与连心直线 O_1O_2 的两个交点（图1.47）．

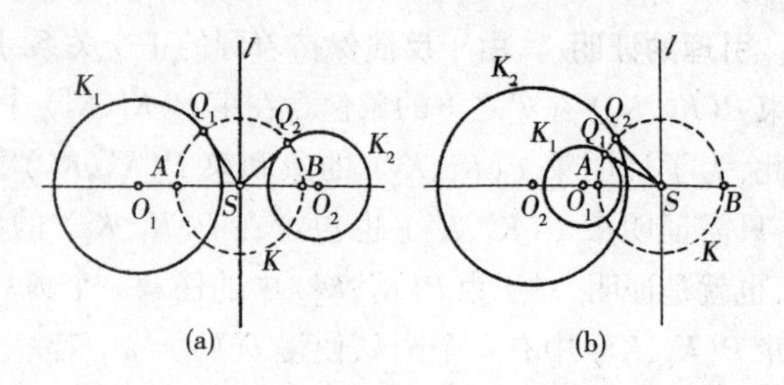

图 1.47

我们定义反演 T_1 具有中心 A 和半径 AB. 在 §1.6 的问题4 中,曾经证明反演 T_1 把圆 K_1 和 K_2 变成具有公共中心 B 的同心圆 K_1' 和 K_2'. 根据引理1.2,这个反演 T_1 把圆束 $P(K_1,K_2)$ 变成由经过点 B 的所有直线组成的束 $P(K_1',K_2')$.

这样,反演 T_1 把束 $P(K_1,K_2)$ 变成一个基本椭性束.

剩下的是要研究当两个圆之一,譬如说 K_1 是直线的情形(图 1.48). 由于 K_1 和 K_2 没有公共点,因此 K_1 位于 K_2 的外部. 我们经过点 O_2 作一条直线 m 垂直于 K_1,设点 S 是 m 与 K_1 的交点. 我们再作 K_2 的切线 SQ_2. 设 K 是以 S 为中心,$a = SQ_2$ 为半径的圆,K 与直线 m 交于点 A,B. 具有中心 A 和半径 AB 的反演 T_1,保持点 B 不动,保持直线 m 不变,把圆 K 变成经过点 B 且垂直于直线 m 的直线 K'.

由于直线 K_1 不经过点 A,又因为圆 K 与直线 K_1 及圆 K_2 正交,所以,K_1 和 K_2 在 T_1 之下的象将是圆 K_1' 和 K_2',它们的中心同时位于直线 K' 及 m 上,也就是 K_1' 和 K_2' 是具有中心 B 的同心圆. 根据引理 1.2 得到,束 $P(K_1,K_2)$ 的象是基本椭性束 $P(K_1',K_2')$.

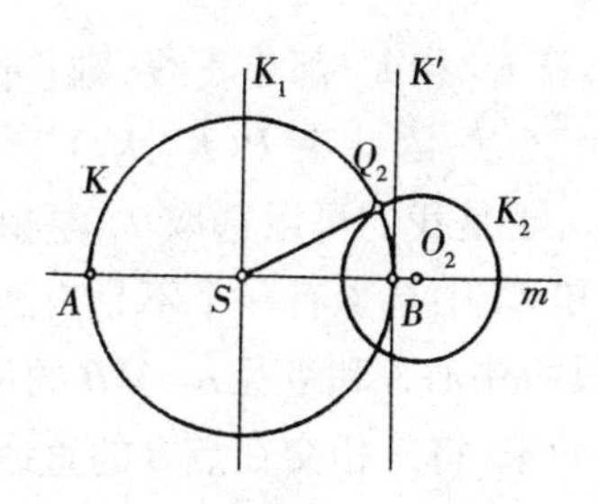

图 1.48

这样，陈述 a 证明完毕.

陈述 b 的证明　设 K_1 和 K_2 是两个恰好只有一个公共点的圆，如果 K_1 和 K_2 都是直线，因为它们除了无穷远点 O_∞ 以外不能再有其他的公共点，因此它们必须是平行的. 在这种情形下，束 $P(K_1,K_2)$ 已经是一个基本抛物性束了，于是我们可以选取 T_2 是恒同变换.

如果 K_1 和 K_2 都不是直线，或者它们之中只有一个（譬如说 K_1）是直线（图 1.49），那么我们可以选取任何一个以 A 为中心的反演 T_2. T_2 把 K_1 和 K_2 变成平行的直线 K_1' 和 K_2'，这样，束 $P(K_1,K_2)$ 在 T_2 之下的象 $P(K_1',K_2')$ 就是一个基本抛物性束.

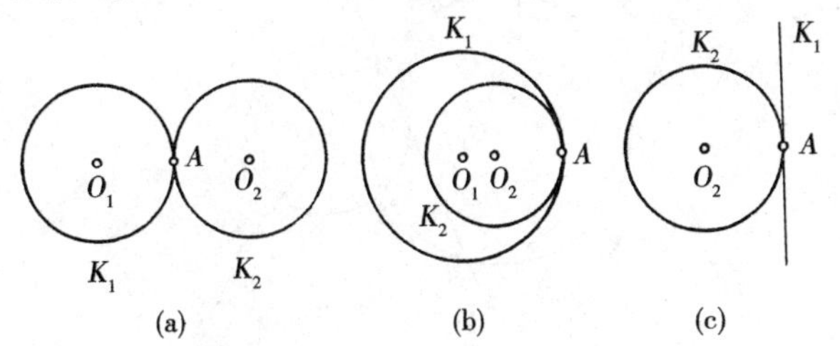

图 1.49

陈述 b 证明完毕.

陈述 c 的证明　设 K_1 和 K_2 是有两个公共点 A 和

B 的两个圆．若 K_1 和 K_2 都是直线，则它们除了点 O_∞ 以外恰有一个交点，因此束 $P(K_1,K_2)$ 已经是一个基本双曲性束了，于是我们可以选取 T_3 是恒同变换．

如果 K_1 和 K_2 中至少有一个不是直线（图 1.50），我们取 T_3 是具有中心 A 和半径 $r = AB$ 的反演，于是 K_1 和 K_2 在 T_3 下的象，将是相交在点 B 的直线 K_1' 和 K_2'（图 1.51）．由此得到束 $P(K_1,K_2)$ 在 T_3 下的象 $P(K_1',K_2')$ 是一个基本双曲性束．

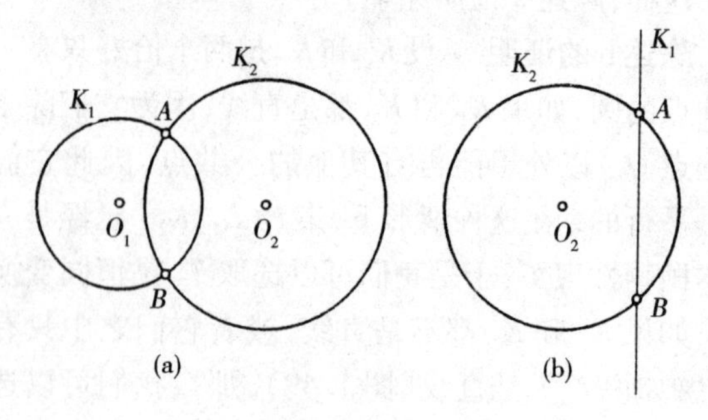

图 1.50

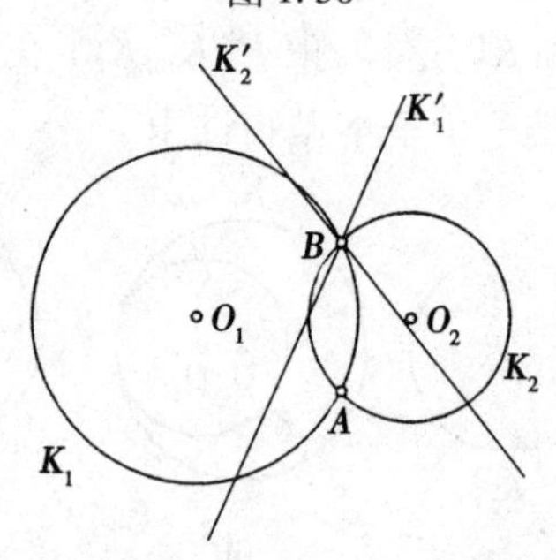

图 1.51

这样，陈述 c 得到证明．至此，定理 1.10 证明完毕．

现在我们引出下列定义：

当圆 K_1 和 K_2 没有公共点时，由圆 K_1 和 K_2 生成的

束,称为椭性的.

当圆 K_1 和 K_2 恰有一个公共点时,由圆 K_1 和 K_2 生成的束,称为抛物性的.

当圆 K_1 和 K_2 有两个公共点时,由圆 K_1 和 K_2 生成的束,称为双曲性的.

定理 1.11　每一个椭性束,可以由某个基本椭性束经过一个适当的反演或恒同变换得到.

定理 1.12　每一个抛物性束,可以由某个基本抛物性束经过一个适当的反演或恒同变换得到.

定理 1.13　每一个双曲性束,可以由某个基本双曲性束经过一个适当的反演或恒同变换得到.

从定理 1.10 及如下事实:同一个反演连续进行两次,就得到平面的一个恒同变换(定理 1.1),立刻可以得到上述定理 1.11,1.12 及 1.13 的证明.

如果束 P 的所有圆都经过点 A,就称点 A 为束 P 的结点. 如果束 P 中存在圆的一个收缩成点 A 的序列,就称点 A 为束 P 的原点.

从基本椭性束的构成和定理 1.11,我们发现每一个椭性束有两个结点,没有原点. 另一方面,由定理 1.13 得到,每一个双曲性束有两个原点,没有结点.

设 P 是一个非基本的抛物性束,它是某个由一族平行直线组成的基本抛物性束 P' 经过一个反演变换 T 得到的. 设点 A 是这个反演 T 的中心. 不难看出,P 是互相切于点 A 的所有圆的集合,包括所有圆在点 A 的公共切线(图 1.52). 这样,束 P 有一个结点和一个原点,两者都是点 A. 对于束 P 进行反演 T,我们得到基本抛物性束 P'. 对于 P' 来说,点 O_∞ 既是仅有的结点,又是仅有的原点.

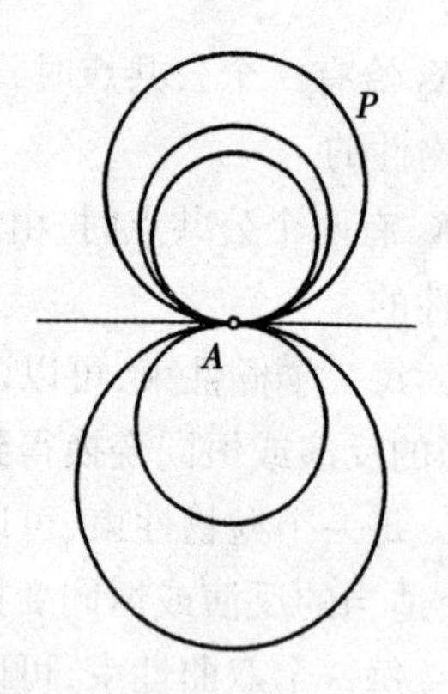

图 1.52

从上述讨论我们得到:

定理 1.14 任何一个束的结点和原点的个数之和是 2.

若束 P 中的任一个圆正交于束 Q 中的任一个圆,我们就说束 P 正交于束 Q. 显然,若束 P 正交于束 Q,则反之亦然,束 Q 也正交于束 P.

现在我们考察一对正交的基本束. 若 P 是一个基本椭性束,也就是经过某个点 B 的所有直线的集合,则与束 P 中的圆正交的所有圆的集合,明显地是由中心在 B 的所有同心圆组成的一个基本双曲性束 Q(我们把点 B 和点 O_∞ 附加给束 Q,它们是束 Q 的原点). 容易看出,相反地,束 Q 也正交于束 P,而且束 P 的结点是束 Q 的原点.

若 P 是一个基本抛物性束,也就是一族平行直线连同点 O_∞ 的集合,则将束 P 旋转一个直角得到的束 Q,正交于束 P,并且反过来也对. 这样,束 P 和 Q 的结点与原点重合在点 O_∞.

从上述讨论,并根据定理1.11,1.12,1.13我们得到如下定理:

定理1.15 对于每一个束P,存在一个且仅存在一个正交束Q. 若P是一个椭性束,则Q是一个双曲性束,而且反过来也对;P的结点是Q的原点,而且反过来也对. 若P是一个抛物性束,则Q也是一个抛物性束,在这个情况下,束P和Q的结点与原点重合在一个点A. 束Q由束P绕着点A旋转一个直角而得到.

§1.8 椭性束的结构

定理1.16 每一个椭性束P是经过某两个定点的所有圆的集合.

证明 若P是一个具有结点B的基本椭性束,则P是经过点B和O_∞的所有圆的集合. 若P不是基本椭性束,则存在一个基本椭性束P'和一个反演T,这个反演T把束P'变成束P(参见定理1.11).

束P'是所有经过某个点B'的直线的集合(图1.53). 设A是反演T的中心,于是A和B'是不相同的,否则,反演T将把束P'变成它自身,这样P就是基本的了. 由于束P'在反演T之下的象是经过点A和$B=T(B')$的圆的集合,于是定理得到证明.

推论1 点A和B是束P的结点.

这样,每一个椭性束能定义为经过两个固定点(束的结点)的圆的集合. 由此得到,结点唯一决定椭性束.

若已知结点之一是无穷远点,则该椭性束是基本

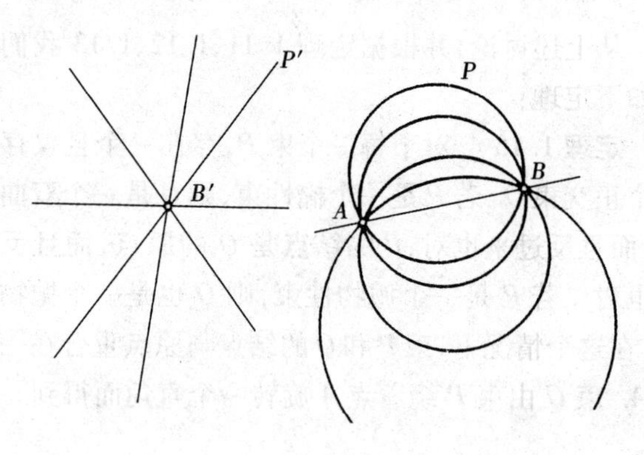

图 1.53

的.

推论2　设点 A 和 B 是束 P 的结点,则直线 AB 是束 P 的一个元素.

若点 A 和 B 是寻常点,则直线 AB 是束 P 中仅有的一条直线(束 P 的其他所有元素都是圆). 容易看出,直线 AB 是束 P 中任一对圆的根轴. 因此,直线 AB 叫作**束 P 的根轴**.

这样,一个非基本的椭性束,是由经过两个固定点的所有"真正的"圆的集合,和这个集合中所有圆对的公共根轴组成的. 如同所指出的,这个根轴经过椭性束的结点.

若点 A 和 B 之一,譬如说点 A,是无穷远的,则束 P 由经过点 B 的所有直线组成,这种情形下,直线 AB 的唯一性消失了,因此对于基本椭性束而言,根轴的概念是没有意义的. 这样,在一个椭性束中,恰好出现一条直线,是该束为非基本的椭性束的充分必要条件.

§1.9　抛物性束的结构

定理 1.17　每一个非基本的抛物性束 P,是在某个固定点彼此相切的所有圆的集合.

证明　由于 P 是一个非基本的抛物性束,因此存在一个基本抛物性束 P' 和一个反演 T,该反演 T 把 P' 变成 P(参见定理 1.12). P' 是一族平行直线,附加无穷远点. 设点 A 是反演 T 的中心,l 是 P' 中经过点 A 的直线,于是反演 T 保持 l 不变,而把 P' 中其他所有直线都变成与 l 相切于点 A 的圆(图 1.54). 由于点 O_∞ 在 T 之下的象是 A,因此得到,束 P 是彼此相切于点 A 的所有圆的集合,且点 A 是束 P 的原点. 定理证毕.

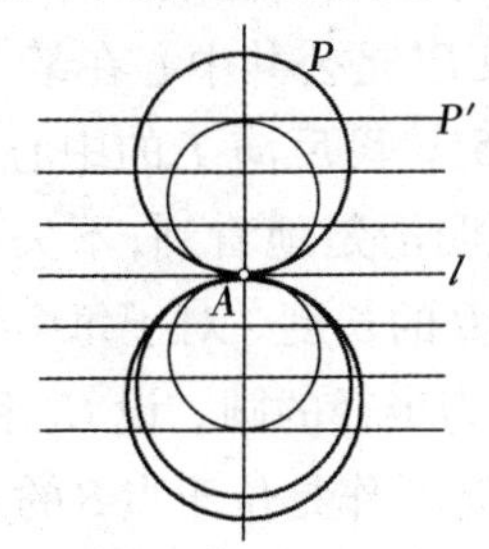

图 1.54

我们注意到,若 P 是一个基本抛物性束,即一族平行直线,则 P 是相切于点 O_∞ 的圆的集合.

推论　直线 l 是这个束 P 的一个元素.

直线 l 是束 P 中任意一对圆的根轴. 因此,直线 l 叫作束 P 的根轴.

明显地,根据定理 1.17 我们得到,每一个非基本的抛物性束,能由它的结点(或者它的原点,因为它们是相同的)A 和经过该点的根轴 l 决定.

若抛物性束的结点是无穷远点,则它是一个基本抛物性束,在这种情况下,分离出根轴是没有意义的.

与椭性束的情形一样,一个抛物性束是非基本的,其充分必要条件是它包含唯一一条直线 —— 该束的根轴.

§1.10 双曲性束的结构

与我们在 §1.8 和 §1.9 中讨论的椭性束和抛物性束相比,双曲性束的结构要更加复杂得多.

设 P 是任意一个非基本的双曲性束,从定理 1.13 得到,存在一个基本的双曲性束 P' 和一个反演 T,T 把束 P' 变成束 P. 束 P' 是公共中心在某点 B 的所有同心圆的集合(图 1.55). 设反演 T 的中心是 A,半径是 r. 从定理 1.10 的证明清楚地看到,不失一般性,我们可以选取 r 为线段 AB 的长度. 对于每个正数 R,用 L_R 表示以 B 为中心,R 为半径的圆. 设 C_R 和 D_R 是 L_R 与直线 AB 的交点,且 C_R 看作是位于点 B 的左侧,D_R 位于点 B 的右侧(图 1.55). 用 K_R(图 1.56) 表示圆 L_R 在反演 T 之下的象.

我们首先考虑

$$R < r$$

的情形. 在这个情形下,C_R 和 D_R 全部位于点 A 的左侧,它们的象 C'_R 和 D'_R,即圆 K_R 与直线 AB 的交点,也都位于点 A 的左侧(图 1.56). 而且

$$AC_R = r + R > r = AB > AD_R = r - R$$

因此

$$\frac{r}{2} < \frac{r^2}{r+R} = AC'_R < AB$$

$$= r < \frac{r^2}{AD_R} = \frac{r^2}{r-R} = AD'_R$$

由此得到点 C'_R 位于线段 BM 内部，此处点 M 是线段 AB 的中点；点 D'_R 位于线段 AB 的外部，在点 B 左侧；最后，圆 K_R 的中心位于点 Q_R，同样在点 B 左侧，这是由于

$$AQ_R = \frac{C'_RA + D'_RA}{2}$$

$$= \frac{r^2}{2}\left(\frac{1}{r+R} + \frac{1}{r-R}\right) = \frac{r^3}{r^2 - R^2} > r$$

若 $R = r$，则圆 $L_R = L_r$ 经过点 A（图1.55），由于

$$AC'_r = \frac{r^2}{AC_r} = \frac{r^2}{2r} = \frac{r}{2}$$

所以，反演 T 把圆 L_r 变成垂直线段 AB 于其中点 M 的直线 K_r（图1.56）.

若 $R > r$，则点 C_R 位于点 B 的左侧，点 D_R 位于点 A 右侧（图1.55）. 由于

$$AC'_R = \frac{r^2}{AC_R} = \frac{r^2}{r+R} < \frac{r}{2} = AM$$

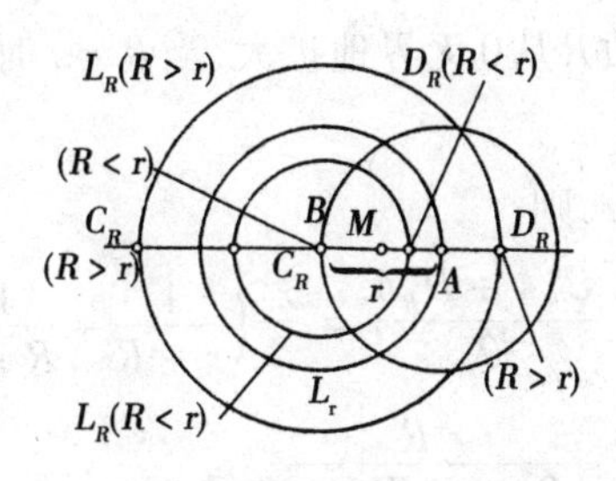

图1.55

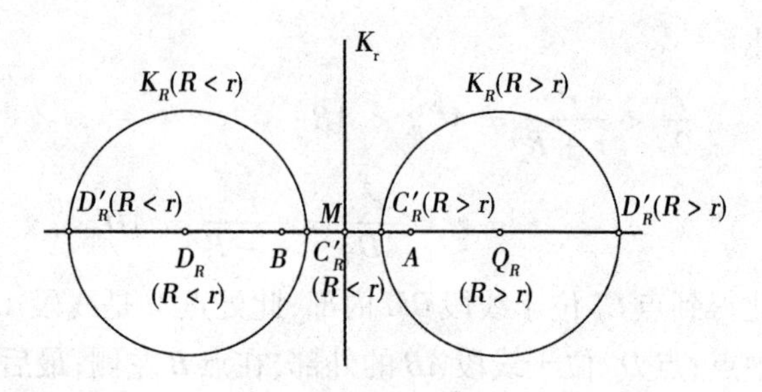

图 1.56

所以点 C'_R 位于线段 AM 内部，点 D'_R 位于线段 AB 外部点 A 的右侧．这样，整个圆 K_R 位于直线 K_r 的右侧（图 1.56），且它的中心点 Q 位于点 A 的右侧，这是由于 $AC'_R < AD'_R$，证明如下

$$AC'_R = \frac{r^2}{r+R} < \frac{r^2}{R-r} = \frac{r^2}{AD_R} = AD'_R$$

用 $h(R)$ 表示圆 K_R 的半径．若 $R<r$，则

$$h(R) = \frac{D'_RA - C'_RA}{2} = \frac{r^2}{2}\left(\frac{1}{r-R} - \frac{1}{r+R}\right)$$

$$= \frac{r^2R}{(r+R)(r-R)} \tag{1.2}$$

当 R 趋于 r 时，从公式(1.2)得到 $h(R)$ 无界地增大．用一个简单的直观图像表示这种情形：双曲性束 P 中的圆 K_R，参数 R 从 0 无界地扩大，当 $R=r$ 时，变成直线 K_r.

若 $R>r$，则

$$h(R) = \frac{C'_RA + D'_RA}{2} = \frac{r^2}{2}\left(\frac{1}{r+R} + \frac{1}{R-r}\right)$$

$$= \frac{r^2R}{(R-r)(R+r)} \tag{1.3}$$

由此得到,当R从大于r趋于r时,圆K_R无界地扩大,当$R=r$时,变成直线K_r. 当R单调地从r增大到$+\infty$时,由公式(1.3)得到圆K_R逐渐收缩(它的半径趋近于零),当$R=+\infty$时,圆K_R变成点A.

双曲性束P的一般形状如图1.57所示. 我们注意到直线K_r是束P中任一对圆的根轴(我们把这个事实的证明留给读者). 因此,把直线K_r叫作束P的根轴.

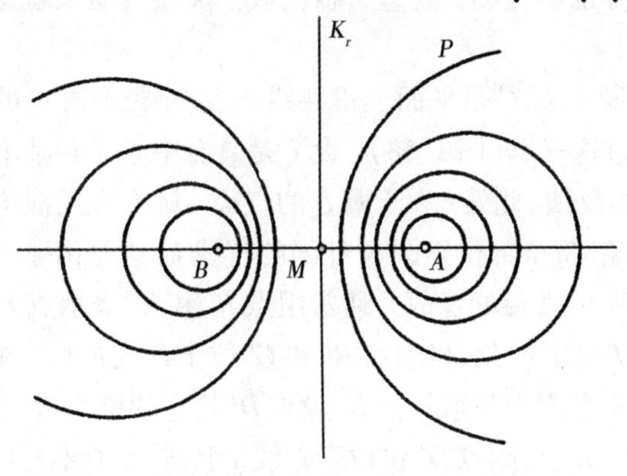

图1.57

从上述讨论清楚地看到,一个双曲性束由它的原点(两个)或由它的一个原点与根轴完全决定.

如果原点之中有一个是无穷远点,则束P是一个基本的双曲性束,即同心圆的集合,对于这样的束,根轴的概念失去意义.

由于基本的双曲性束不包含直线,因此,一个双曲性束为非基本束的充分必要条件是该束中出现一条直线. 如同我们所知道的,在非基本双曲性束中,这条直线是唯一的.

§1.11　托勒密定理

在这一节,我们将研究平面上的四个已知点何时能共圆的问题. 正巧,借助于平面几何中著名的托勒密定理,能部分地回答这个问题. 稍后,我们将明确地表述并证明托勒密定理,现在,我们先用反演来解这个问题.

设 A,B,C 是平面上不共线三点,于是有唯一的圆 K 经过这三点(图 1.58). 设 T 是具有中心 A 和某个半径 r 的反演,此处 r 大于圆 K 的直径. 圆 K 在反演 T 之下的象,将全部位于圆 K 外部的直线 k,这是由于 r 大于圆 K 的直径的缘故. 通常用点 B' 和 C' 表示点 B 和 C 在 T 之下的象,显然点 B' 和 C' 位于直线 k 上. 现在我们在平面上任取一点 D,设点 D' 是它的象①. 若点 D 位于圆 K 上,则点 D' 将位于直线 k 上;若点 D 不在圆 K 上,则点 D' 将不在直线 k 上. 因此,为了这四点 A,B,C,D 在圆上,充分必要条件是点 B',C' 和 D' 在直线 k 上.

若三点 B',C' 和 D' 共线,则线段 $B'C',C'D'$ 和 $B'D'$ 满足如下三个关系式中的一个,且只满足一个

$$
\begin{aligned}
B'D' + D'C' &= B'C' \\
B'C' + C'D' &= B'D' \qquad (1.4) \\
C'B' + B'D' &= C'D'
\end{aligned}
$$

若三点 B',C' 和 D' 不共线,则下列不等式成立

① 我们假设点 D 不同于点 A,B,C.

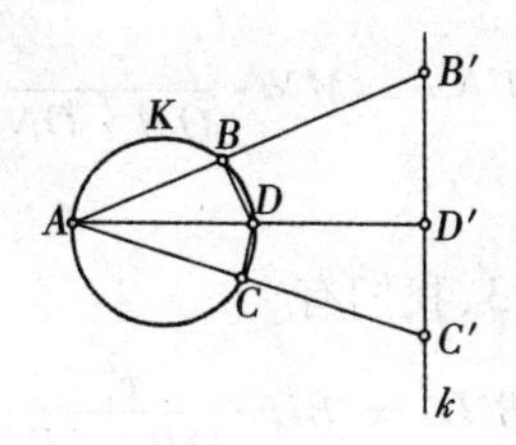

图 1.58

$$B'D' + C'D' > B'C' \qquad (1.5)$$

现在我们将设法写出关系式(1.4)和(1.5),而不用到点 B',C' 和 D'.

作为准备,我们建立如下引理:

引理 1.3　已知具有中心 O 和半径 r 的反演 T,设点 M 和 N 是平面上不同于点 O 及点 O_∞ 的任意两点,则

$$M'N' = MN \cdot \frac{r^2}{OM \cdot ON}$$

此处

$$M' = T(M), \quad N' = T(N)$$

证明　根据引理 1.1 得到 $\triangle OMN$ 与 $\triangle ON'M'$ 相似(图 1.59),特别地,有

$$\frac{M'N'}{NM} = \frac{OM'}{ON}$$

图 1.59

由于 $OM' = r^2/OM$,因此我们有

$$M'N' = MN \cdot \frac{r^2}{OM \cdot ON}$$

引理证毕.

根据引理1.3,我们有

$$B'D' = BD \cdot \frac{r^2}{AB \cdot AD}$$

$$D'C' = DC \cdot \frac{r^2}{AD \cdot AC}$$

$$B'C' = BC \cdot \frac{r^2}{AB \cdot AC}$$

因此,若点 A,B,C 和 D 位于圆 K 上,则点 B,C 和 D 的象位于直线 k 上,且关系式

$$BD \cdot \frac{r^2}{AB \cdot AD} + DC \cdot \frac{r^2}{AD \cdot AC} = BC \cdot \frac{r^2}{AB \cdot AC}$$

成立(不失普遍性,我们假设点 D' 位于点 B' 和 C' 之间). 若点 A,B,C 和 D 不在同一个圆 K 上,则关系式

$$BD \cdot \frac{r^2}{AB \cdot AD} + DC \cdot \frac{r^2}{AD \cdot AC} > BC \cdot \frac{r^2}{AB \cdot AC}$$

成立.

由此得到,若点 A,B,C,D 位于同一个圆上,则有

$$BD \cdot AC + DC \cdot AB = BC \cdot AD$$

若点 A,B,C,D 不位于同一个圆上,则有

$$BD \cdot AC + DC \cdot AB > BC \cdot AD$$

因此,我们有:

定理1.18 四个点 A,B,C,D 位于一个圆上,且点 A 和 D 位于以点 B 和 C 为端点的不同弧上,其充分必要条件是等式

$$BD \cdot AC + DC \cdot AB = BC \cdot AD$$

成立.

由于内接于圆 K 的任意一个四边形 $ABCD$ 满足定理1.18的条件,因此我们有

定理1.19 (托勒密定理)对于每一个圆内接四边形,对边乘积之和等于对角线的乘积.

复数和反演

第2章

§2.1　复数及其运算的几何表示

我们已经知道，每一个复数 $z = x + \mathrm{i}y$（此处 i 是虚数单位，定义为 $\mathrm{i}^2 = -1$）能用笛卡儿平面上的一个有序的坐标对 (x, y) 方便地表示.（我们假设平面的坐标轴连同原点 O 是固定的，如图2.1所示）对于平面上的每一点 M，有唯一的以 O 为起点，M 为终点的向量 $\boldsymbol{r}$，这个向量叫作点 M 的向量径，点 M 的坐标叫作这个向量径的坐标或分量. 因此，复数 $z = x + \mathrm{i}y$ 能几何地表示成坐标为 (x, y) 的向量径.

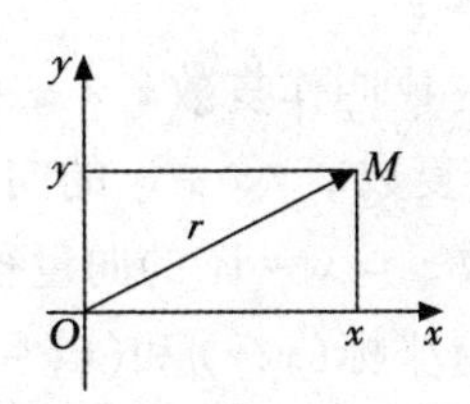

图2.1

若 $z_1 = x_1 + \mathrm{i}y_1$ 和 $z_2 = x_2 + \mathrm{i}y_2$ 是两个复数，且 $\boldsymbol{r}_1$ 和 $\boldsymbol{r}_2$ 是它们对应的向量径，则数 $z_1 + z_2$ 和 $z_1 - z_2$ 定义为

$$z_1 + z_2 = (x_1 + x_2) + \mathrm{i}(y_1 + y_2)$$
$$z_1 - z_2 = (x_1 - x_2) + \mathrm{i}(y_1 - y_2)$$

另一方面，从向量加法和减法的定义（我们想到平行四边形法则），得到向量 $\boldsymbol{r}_1 + \boldsymbol{r}_2$ 和 $\boldsymbol{r}_1 - \boldsymbol{r}_2$ 分别有坐标 $(x_1 + x_2, y_1 + y_2)$ 和 $(x_1 - x_2, y_1 - y_2)$. 因此，两个复数的加法和减法可以在它们的向量径上进行 —— 取表示已知复数的向量径的和与差（图2.2）.

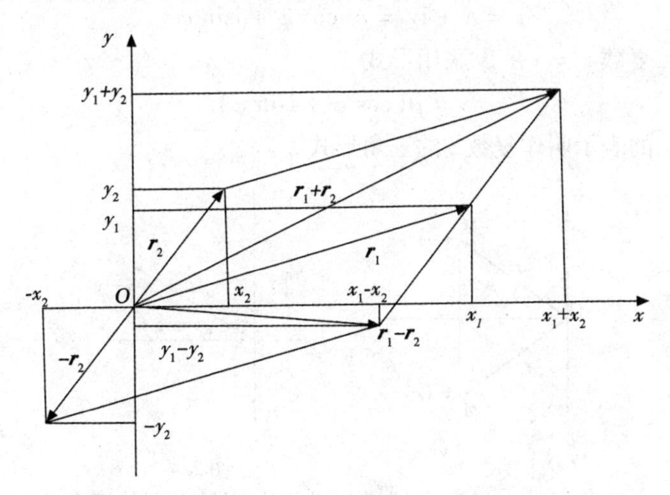

图2.2

复数 $\bar{z}=x-\mathrm{i}y$ 叫作复数 $z=x+\mathrm{i}y$ 的共轭复数．设点 M 是对应于复数 $z=x+\mathrm{i}y$ 的向量径 $\boldsymbol{r}$ 的终点，点 M_1 是对应于复数 $\bar{z}=x-\mathrm{i}y$ 的向量径 $\boldsymbol{r}_1$ 的终点，由于点 M 和 M_1 分别有坐标 (x,y) 和 $(x,-y)$，所以点 M_1 可以由点 M 通过对 x 轴的反射而得到（图 2.3）．

设 z 是某个复数，$\boldsymbol{r}$ 是它的向量径，我们用 $|z|$ 表示向量 $\boldsymbol{r}$ 的长度，用 φ 表示从 x 轴正向到向量 $\boldsymbol{r}$ 正向按逆时针方向量得的角度．实数 $|z|$ 叫作复数 z 的模，角 φ 叫作复数 z 的辐角．我们常常用 ρ 表示 z 的模，用 $\arg z$ 或 φ 表示 z 的辐角（图 2.4）．显然，对于复数 $z=x+\mathrm{i}y$ 有

$$x=\rho\cos\varphi$$

$$y=\rho\sin\varphi$$

因此

$$z=x+\mathrm{i}y=\rho(\cos\varphi+\mathrm{i}\sin\varphi)$$

复数 $z=x+\mathrm{i}y$ 采用形式

$$z=\rho(\cos\varphi+\mathrm{i}\sin\varphi)$$

的表示叫作复数 z 的三角形式．

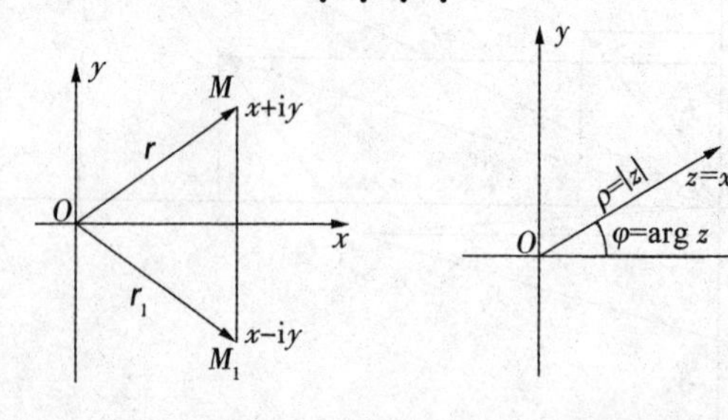

图 2.3　　　　图 2.4

除了从 x 轴正向按逆时针方向测量得到的正角之外，我们还引进负角，它是从 x 轴正向按顺时针方向测

量得到的角度.

若 $\bar{z}$ 是复数

$$z = x + \mathrm{i}y = \rho(\cos\varphi + \mathrm{i}\sin\varphi)$$

的共轭复数,则

$$\begin{aligned}\bar{z} &= \rho(\cos\varphi - \mathrm{i}\sin\varphi) \\ &= \rho[\cos(-\varphi) + \mathrm{i}\sin(-\varphi)] \\ &= \rho[\cos(2\pi - \varphi) + \mathrm{i}\sin(2\pi - \varphi)]\end{aligned}$$

因此,对于复数 $\bar{z}$ 的辐角,我们可以取角 $-\varphi$,或者取角 $2\pi - \varphi$(图2.5).

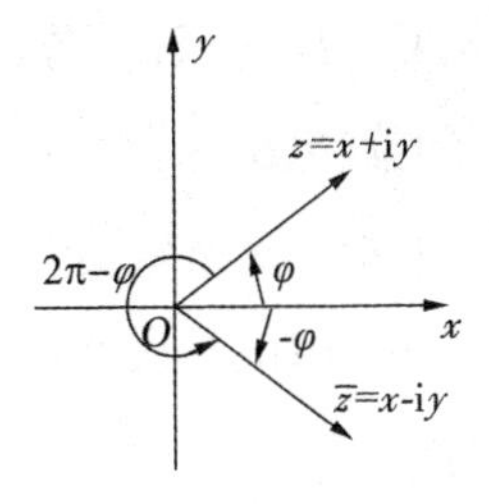

图2.5

由于正弦和余弦是周期为 2π 的周期函数,所以我们决定复数 z 的辐角的值可以相差 2π 的整数倍. 因此,从辐角的值中,选用包含在0到 2π 的区间内(包括0在内而不包括 2π)的所谓**主值**是方便的.

在下文中,除非另有说明,我们所说的复数 z 的辐角,是指满足 $z = \rho(\cos\varphi + \mathrm{i}\sin\varphi)$ 的任一角 φ.

现在我们考虑复数的乘法,已知两个复数 $z_1 = x_1 + \mathrm{i}y_1$ 和 $z_2 = x_2 + \mathrm{i}y_2$,它们的积 $z_1 \cdot z_2$ 定义为复数 $z = (x_1x_2 - y_1y_2) + \mathrm{i}(x_1y_2 + x_2y_1)$. 我们借助于复数的三角形式来研究复数乘法运算的几何解释. 设

$$z_1 = \rho_1(\cos\varphi_1 + \mathrm{i}\sin\varphi_1)$$
$$z_2 = \rho_2(\cos\varphi_2 + \mathrm{i}\sin\varphi_2)$$

于是

$$
\begin{aligned}
z = z_1 \cdot z_2 &= \rho_1\rho_2[(\cos\varphi_1\cos\varphi_2 - \sin\varphi_1\sin\varphi_2) + \\
&\quad \mathrm{i}(\cos\varphi_1\sin\varphi_2 + \cos\varphi_2\sin\varphi_1)] \\
&= \rho_1\rho_2[\cos(\varphi_1+\varphi_2) + \mathrm{i}\sin(\varphi_1+\varphi_2)]
\end{aligned}
$$

上述最后的这个表示式说明,若用向量径 $\boldsymbol{r}$ 表示复数 $z=z_1z_2$,用向量径 $\boldsymbol{r}_1$ 和 $\boldsymbol{r}_2$ 分别表示复数 z_1 和 z_2,则向量径 $\boldsymbol{r}$ 可以由向量径 $\boldsymbol{r}_1$ 和 $\boldsymbol{r}_2$ 用下列运算得到:首先,将向量径 $\boldsymbol{r}_1$ 旋转,当 $\varphi_2>0$ 时,沿逆时针方向旋转 φ_2 角,当 $\varphi_2<0$ 时,沿顺时针方向旋转 $-\varphi_2$ 角;然后,将它的长度增大到原来的 ρ_2 倍. 换句话说,若 α_{φ_2} 是平面上绕着原点旋转角为 φ_2 的旋转,β_{ρ_2} 是中心在原点,系数为 ρ_2 的伸缩变换,则通过对向量径 $\boldsymbol{r}_1$ 连续施行变换 α_{φ_2} 和 β_{ρ_2} 即可得到向量径 $\boldsymbol{r}$. 用记号表示为

$$
\boldsymbol{r} = \beta_{\rho_2}(\alpha_{\varphi_1}(\boldsymbol{r}_1))
$$

当然,若交换 z_1 和 z_2 的地位(复数乘法是可交换的),则有类似的关系式

$$
\boldsymbol{r} = \beta_{\rho_1}(\alpha_{\varphi_2}(\boldsymbol{r}_2))
$$

现在我们转到两个复数 $z_1=\rho_1(\cos\varphi_1+\mathrm{i}\sin\varphi_1)$ 和 $z_2=\rho_2(\cos\varphi_2+\mathrm{i}\sin\varphi_2)$ 的除法运算的几何解释. 若 $z=z_1/z_2$ 是 z_1 和 z_2 的商,则

$$
\begin{aligned}
z = \frac{z_1\cdot\bar{z}_2}{z_2\cdot\bar{z}_2} &= \frac{\rho_1(\cos\varphi_1+\mathrm{i}\sin\varphi_1)\rho_2(\cos\varphi_2-\mathrm{i}\sin\varphi_2)}{\rho_2(\cos\varphi_2+\mathrm{i}\sin\varphi_2)\rho_2(\cos\varphi_2-\mathrm{i}\sin\varphi_2)} \\
&= \frac{\rho_1}{\rho_2}\cdot\frac{(\cos\varphi_1+\mathrm{i}\sin\varphi_1)(\cos(-\varphi_2)+\mathrm{i}\sin(-\varphi_2))}{(\cos\varphi_2+\mathrm{i}\sin\varphi_2)(\cos(-\varphi_2)+\mathrm{i}\sin(-\varphi_2))} \\
&= \frac{\rho_1}{\rho_2}[\cos(\varphi_1-\varphi_2)+\mathrm{i}\sin(\varphi_1-\varphi_2)]
\end{aligned}
$$

因此

$$z = \frac{z_1}{z_2} = \frac{\rho_1}{\rho_2}[\cos(\varphi_1 - \varphi_2) + \mathrm{i}\sin(\varphi_1 - \varphi_2)]$$

若用 $\alpha_{-\varphi_2}$ 表示平面上绕着原点旋转角为 $-\varphi_2$ 的旋转，$\beta_{\frac{1}{\rho_2}}$ 表示中心在原点，系数为$\frac{1}{\rho_2}$ 的伸缩变换，则通过对向量 $\boldsymbol{r}_1$ 连续施行变换 $\alpha_{-\varphi_2}$ 和 $\beta_{\frac{1}{\rho_2}}$ 即可得到向量 $\boldsymbol{r}$，也就是

$$\boldsymbol{r} = \beta_{1/\rho_2}[\alpha_{-\varphi_2}(\boldsymbol{r}_1)]$$

§2.2　复变量的线性函数和平面的初等变换

假设能依某个法则，使每个复数 $z = x + \mathrm{i}y$ 对应于某个复数 $z' = x' + \mathrm{i}y'$，我们就说，对于所有复数的集合，或者简单地说，对于复平面，定义了一个复变量的函数 $z' = f(z)$. 若一个复函数，它的对应法则由公式

$$z' \equiv f(z) = az + b$$

给出，此处 a 和 b 是固定的复数，则称它为**线性函数**.

由于复数能用平面上的点来表示，因此可以把每一个复函数，看作平面上的一个点变换. 本节的任务是借助于在 §1.1 研究过的平面上的初等变换，来描述这样的复函数.

首先，设

$$f(z) = z' = az + b$$

是已知线性函数. 当 $a = 0$ 时，函数 $z' = b$ 是常值函数，这是因为对于任意一个复数 z，这个函数的值都是复数 b. 与这个函数 $f(z)$ 对应的平面的变换是把整个平面

变成单个点 b.

今后,我们将不再研究这个平凡的变换,也就是说,我们将总假设 $a \neq 0$.

设

$$a = |a| (\cos \varphi + \mathrm{i}\sin \varphi)$$

是复数 a 的三角形式. 设 $\boldsymbol{r}$,$\boldsymbol{r}'$ 和 $\boldsymbol{h}$ 分别表示对应于复数 z,z' 和 b 的向量径. 此外,设 $\beta_{|a|}$ 是中心在原点,系数为 $|a|$ 的伸缩变换,α_{φ} 是平面上绕着原点,旋转角为 φ 的旋转. 最后,设 γ_b 是平面上依向量 $\boldsymbol{h}$ 的平移. 不难看出点 z',即向量 $\boldsymbol{r}'$ 的终点可以通过对点 z,即向量 $\boldsymbol{r}$ 的终点,连续施行变换 α_{φ},$\beta_{|a|}$ 和 γ_b 得到.

形如

$$z' = az + b$$

的线性函数通常称为第 1 型的线性函数. 如同我们已经指出的,第 1 型的线性函数,在平面上对应于由连续施行绕原点的旋转,中心在原点的伸缩以及平移所组成的变换. 此处,旋转和伸缩由复数 a 决定,平移由复数 b 决定.

我们特别提到下列特殊情形:

1. $|a| = 1, b = 0$:平面绕着原点,旋转角等于复数 a 的辐角的旋转;

2. a 是一个正实数,$b = 0$:中心在原点,系数为 a 的伸缩变换;

3. $a = 1$:依向量 $\boldsymbol{h}$ 的平移.

函数

$$z' = a\bar{z} + b$$

称为第 2 型的线性函数. 我们首先考虑它的特殊情

形：$a=1, b=0$. 函数

$$z' = \bar{z}$$

把每一点 z 变成它关于 x 轴的对称点 $\bar{z}$. 因此，函数

$$z' = \bar{z}$$

表示关于 x 轴的对称变换. 容易看出，第2型的线性函数对应于平面上由连续施行关于 x 轴的反射，绕原点的旋转，以原点为中心的伸缩和平移组成的变换，正如同在第1型的线性函数时的情形一样，旋转的角度等于复数 a 的辐角，伸缩的系数等于复数 a 的模，平移的向量由复数 b 决定.

§2.3 复变量的线性分式函数和相关的平面点变换

由公式

$$z' = \frac{az+b}{cz+d} \tag{2.1}$$

和

$$z' = \frac{a\bar{z}+b}{c\bar{z}+d} \tag{2.2}$$

给出的复变量函数，此处 a,b,c,d 是固定复数，且

$$ad-bc \neq 0$$

分别称为**第1型和第2型的线性分式函数**.

我们首先研究形如

$$z' = \frac{r^2}{z} \tag{2.3}$$

和

$$z' = \frac{r^2}{\bar{z}} \tag{2.4}$$

的函数,此处 r 是某个正的常数.

方程(2.4) 可以写为

$$z' = \frac{r^2 z}{\bar{z}z} = \frac{r^2}{|z|^2}z$$

由此得到,对应于函数

$$z' = \frac{r^2}{\bar{z}}$$

的平面变换,把点 z 变成位于由 z 对应的向量径所决定的射线上的一点 z',且复数 z' 的模由

$$|z'| = \frac{r^2}{|\bar{z}|} = \frac{r^2}{|z|}$$

给出. 因此,z' 可以由 z 经过中心在原点,半径为 r 的反演得到.

方程(2.3) 可以写为

$$\bar{z}' = \frac{r^2}{\bar{z}}$$

根据与上述类似的理由,我们可以容易地断言,函数

$$z' = \frac{r^2}{z}$$

对应于由连续施行关于 x 轴的反射和中心在原点,半径为 r 的反演所得到的变换. 我们有:

定理2.1　在复平面上,中心在 d,半径为 r 的反演变换 T,由函数

$$z' = \frac{r^2}{\bar{z} - \bar{d}} + d \tag{2.5}$$

给出. 类似地,函数

$$z' = \frac{r^2}{z - d} + d \tag{2.6}$$

给出由连续施行关于一条经过点 d 且平行于 x 轴的直线的反射，和中心在 d，半径为 r 的反演所得到的变换.

证明　假设 T 是中心在 d，半径为 r 的反演，z' 是 z 在 T 之下的象(图2.6). 根据反演 T 的定义，我们有

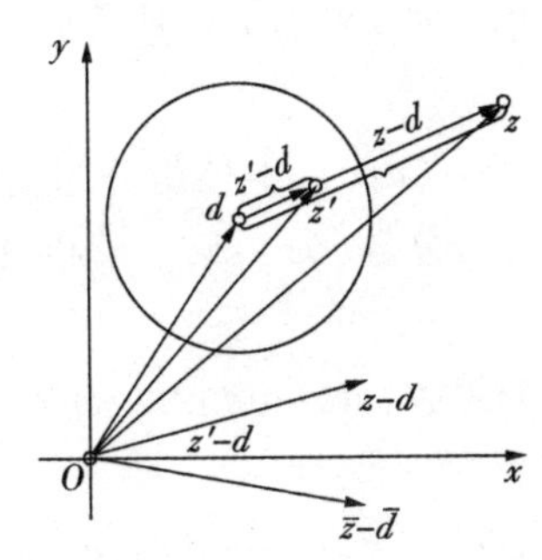

图2.6

$$|z'-d| = \frac{r^2}{|z-d|} = \frac{r^2}{|\bar{z}-\bar{d}|} \qquad (2.7)$$

而且，因为 z 和 z' 位于以 d 为起点的同一条射线上，蕴涵 $z-d$ 和 $z'-d$ 位于以原点为起点的同一条射线上，所以数 $z-d$ 和 $z'-d$ 必须有相等的辐角. 因此，数 $z'-d$ 和 $\bar{z}-\bar{d}$ 的辐角仅仅正负号不同. 根据三角形式的复数的乘法规则，我们得到

$$\begin{aligned}(z'-d)(\bar{z}-\bar{d}) &= |z'-d|\cdot|\bar{z}-\bar{d}|(\cos 0 + \mathrm{i}\sin 0)\\ &= |z'-d|\cdot|\bar{z}-\bar{d}|\end{aligned}$$

这个等式与等式(2.7)一起得出

$$z'-d = \frac{r^2}{\bar{z}-\bar{d}}$$

所以

$$z' = \frac{r^2}{\bar{z}-\bar{d}} + d$$

定理的第二部分,可以类似地得到证明.

定理 2.2　可以把第 2 型的线性分式函数

$$z' = \frac{a\bar{z} + b}{c\bar{z} + d}$$

此处 $c \neq 0$,描述成在复平面上由连续施行下述变换所组成的变换:

1. 中心在点 $-(\bar{d}/\bar{c})$,半径为 1 的反演;

2. 旋转角等于复数 $(bc - ad)/c^2$ 的辐角的平面旋转;

3. 系数等于复数 $(bc - ad)/c^2$ 的模,中心在原点的伸缩;

4. 依复数 $a/c + [\bar{d}(bc - ad)]/c^2\bar{c}$ 的向量径的平移.

证明　线性分式函数(2.2) 能够写成

$$z' = \left[\frac{1}{\bar{z} + \frac{d}{c}} - \frac{\bar{d}}{\bar{c}}\right]\frac{bc - ad}{c^2} + \left[\frac{a}{c} + \frac{\bar{d}(bc - ad)}{c^2\bar{c}}\right] \tag{2.8}$$

直接从式(2.8) 得到定理 2.2 的正确性.

对于第 1 型的线性分式函数,我们有类似的定理,仅有的差别是,在反演和旋转变换之间,出现一个关于过点 $-(d/c)$ 且平行于 x 轴的直线的反射.

当线性分式函数(2.1) 和(2.2) 中的系数 c 为零时,它们简化为我们在 §2.2 中已经讨论过的那些类型的线性函数.

第3章 变换群、欧几里得几何学和罗巴切夫斯基几何学

在这一章,我们将用群论的观点,对通常所说的欧几里得几何学和罗巴切夫斯基几何学,给出一个简短的解释.这种研究几何学的方法是德国数学家F·克莱因在1872年首先提出的.

§3.1 变换群的几何学

3.1.1 群的概念.群是代数学中最基本的概念之一.假设G是某个集合,它的元素的自然状态是无关紧要的.例如,G的元素可以是数、向量、函数、变换或者某些其他对象.

现在假设给出某个对应法则:对

于由 G 的元素组成的每个有序对 (a,b)，指定 G 的某个元素 c 与之对应．这样我们就说，在 G 上定义了一个运算，通常称为乘法，用一个小圆点表示．若指定 G 的元素 c 与有序数 (a,b) 对应，我们就写为

$$c = a \cdot b$$

元素 c 通常称为元素 a 与 b 的积．我们注意到根据运算的定义得不出 $a \cdot b$ 总等于 $b \cdot a$.

现在假设在集合 G 中，引进了一个运算“·”，如果该运算满足下述要求(群公理)，我们就说集合 G 对于运算“·”组成一个群：

1. 结合律：对于 G 中任意三个元素 a,b 和 c，有等式

$$(a \cdot b) \cdot c = a \cdot (b \cdot c)$$

2. G 中存在元素 e，使得对于 G 的任意其他元素 a，等式

$$a \cdot e = a$$

成立．这个元素 e 叫作群的单位元．

3. 对于 G 的任意一个元素 a，G 中存在一个元素 x，满足

$$a \cdot x = e$$

这个元素 x 叫作元素 a 的逆元．

现在我们来验证一些可以直接由群的定义推出的简单命题．

1. 根据公理 1，群的元素 $(a \cdot b) \cdot c$ 和 $a \cdot (b \cdot c)$ 都可以简单地写成 $a \cdot b \cdot c$，即当我们使用 $a \cdot b \cdot c$ 时，对于它表示哪个元素不会发生分歧．

2. 若 e 是群 G 的单位元，则对于 G 中任一元素 a，

我们有

$$e \cdot a = a$$

而且，对于 G 中任一元素 a 和它的逆元 x，等式

$$x \cdot a = e$$

与设定的等式

$$a \cdot x = e$$

同样成立.

我们来证明命题2. 若 y 是 x 的逆元，即 y 是满足

$$x \cdot y = e$$

的元素，则

$$\begin{aligned} x \cdot a &= (x \cdot a) \cdot e = (x \cdot a) \cdot (x \cdot y) \\ &= x \cdot (a \cdot x) \cdot y = x \cdot e \cdot y \\ &= x \cdot y = e \end{aligned}$$

这就证明了论断的第二部分，以及如下事实：a 的逆元 x 的逆元就是 a 自身. 而且，应用刚刚证明过的等式 $x \cdot a = e$，我们得到

$$e \cdot a = (a \cdot x) \cdot a = a \cdot (x \cdot a) = a \cdot e = a$$

命题2. 证毕.

3. 在群 G 中关于 x 的方程

$$a \cdot x = b \tag{3.1}$$

和

$$x \cdot a = b \tag{3.2}$$

都有唯一解.

不难看出，若 g 是 a 的逆元，则元素 $g \cdot b$ 和 $b \cdot g$ 分别是方程(3.1) 和(3.2) 的解. 为了证明这些解是唯一的，我们假设，例如，方程(3.1) 有解 x_1 和 x_2，由于

$$a \cdot x_1 = b = a \cdot x_2$$

我们有

$$x_1 = g \cdot a \cdot x_1 = g \cdot b = g \cdot a \cdot x_2 = x_2$$

此处 g 是 a 的逆元．方程(3.2)解的唯一性的证明完全类似．

我们注意到，由于所有的单位元都是方程 $a \cdot x = a$ 的解，a 的所有逆元都是方程 $a \cdot x = e$ 的解，所以借助于命题3我们得到，单位元 e 和已知元 a 的逆元都是唯一的．因此，我们可以用 a^{-1} 来表示 a 的唯一的逆元．

群 G 的一个子集 H，若在群 G 的运算之下是封闭的，且满足关于该运算的三条群公理，则称 H 为群 G 的一个子群．显然，群的每一个子群都包含该群的单位元，并且子群的每一个元都有逆元．

下面给出群的某些例子．

例1　所有整数的集合在加法运算下组成一个群．若 m 是某个整数，则所有形如 $km(k = 0, \pm 1, \pm 2, \cdots)$ 的整数的集合，组成这个群的一个子群．

例2　所有非零实数的集合，在乘法之下组成一个群．所有非零有理数的集合，组成这个群的一个子群．

例3　平面上所有向量径的集合，在加法之下组成一个群．位于过原点的一条直线上的向量径的集合，组成这个群的一个子群．

例4　所有非零复数的集合，在乘法之下组成一个群．所有模为1的复数的集合和所有非零实数的集合，是它的两个子群．

3.1.2　集合的变换群．设 M 是任意一个非空集合，对应法则 f 对于 M 的每个元素 x 指定 M 的一个元素

$x' = f(x)$ 与之对应，称这个对应法则 f 为集合 M 到自身的一个**变换**，称元素 x' 为 x 在 f 之下的**象**.

当 x 取遍 M 时，所有象 $x' = f(x)$ 的集合，记为 $f(M)$. 显然，$f(M)$ 或者与 M 重合，或者是 M 的一个真（且非空）子集.

集合 M 到自身的一个变换 f，如果满足如下两个条件，就叫作 **M 到自身上的一个一一变换**：

1. 集合 M 的不同元素 x_1 和 x_2，对应于不同的象 $f(x_1)$ 和 $f(x_2)$；

2. 集合 $f(M)$ 与集合 M 重合.

下面我们只研究集合 M 到自身上的一一变换，并把它简称为变换.

设 f 是集合 M 上的变换，由于 $f(M) = M$，所以我们知道，对于 M 的任意一个元素 x'，能够找到 M 的唯一一个元素 x，满足

$$x' = f(x)$$

（x 的唯一性是上述条件1的结果）. 这样，存在对应法则 g：对于 M 中的每个 x'，指定唯一的 x 与之对应，x 满足

$$x' = f(x)$$

我们也可以写为

$$x = g(x')$$

容易证明 g 本身也是一个变换，且由 f 唯一决定. 我们把 g 称为 f 的**逆变换**，记为 f^{-1}.

设 f_1 和 f_2 是两个已知变换，连续施行 f_1 和 f_2 所决定的 M 上的一个新的变换 f，由

$$f(x) = f_2(f_1(x))$$

给出，这个变换f称为变换f_1和f_2的复合或乘积，记为$f_2 \cdot f_1$（注意，写在小圆点右边的总是第一个施行的变换）. 一般地说，变换的复合依赖于它们进行的次序，也就是说，$f_2(f_1(x))$与$f_1(f_2(x))$一般不必须相等.

由$e(x)=x$定义的变换，保持M的所有元素不动，称为恒同变换. 若f是一已知变换，f^{-1}是它的逆变换，则容易看出，对于M的任一元素x，关系式

$$f(f^{-1}(x))=x=e(x) \text{ 及 } f^{-1}(f(x))=x=e(x)$$

成立.

我们有：

定理 3.1　集合M到自身上的所有变换的集合，在复合运算之下组成一个群.

在这种情况下，验证群公理是很简单的.

1. 若f_1，f_2和f_3是集合M的变换，则

$$(f_3 \cdot f_2) \cdot f_1 = f_3 \cdot (f_2 \cdot f_1)$$

容易证明上述等式的左右两边，都可以化成由$f(x)=f_3(f_2(f_1(x)))$定义的变换f.

因此，变换的复合，总满足结合律.

2. 恒同变换e起群的单位元的作用. 对于集合M上的任一变换f和M的任一元素x，我们有

$$f(e(x))=f(x)$$

由此得到$f \cdot e = f$.

3. 对于任一变换f存在一个变换g，使得

$$f \cdot g = e$$

我们只需取$g=f^{-1}$即可得到上式.

定理证毕.

集合M上的所有变换组成的群，将记为$G(M)$.

我们把群 $G(M)$ 的任一子群,称为集合 M 上的一个变换群．$G(M)$ 的一个非空子集 H,如果下面两个条件成立,则 H 是一个子群:(1)H 的任意两个元素 f_1 和 f_2 的复合 $f_2 \cdot f_1$ 仍包含在 H 中;(2)H 的任一元素 f 的逆 f^{-1} 仍包含在 H 中．由于在 $G(M)$ 的任一子集上结合律总成立,又由于非空子集 H 必须包含某个变换 f,因此如果条件(1) 和(2) 成立,则 H 包含变换 f^{-1} 及 $f \cdot f^{-1} = e$,这就证明了条件(1) 和(2) 是充分的．

3.1.3　群的几何．设 M 是任意元素的某个集合,H 是 M 上的一个变换群．为了形象化起见,我们将把 M 称为一个空间,把 M 的元素称为点,把点的一个集合称为一个图形．

如果存在群 H 的一个变换 f 把 A 变成 B,就称图形 A 与图形 B 等价．

图形的等价关系有如下重要性质:

1. 每个图形 A 和它自身等价．

群 H 的单位元 —— 集合 M 到它自身的恒同变换 —— 把 A 变成 A.

2. 若图形 A 等价于图形 B,则图形 B 也等价于图形 A.

事实上,若群 H 的变换 f 把图形 A 变成图形 B,则由于 f 的逆 f^{-1} 也在 H 中,因此 f^{-1} 把图形 B 变成图形 A.

3. 若图形 A 等价于图形 B,图形 B 等价于图形 C,则图形 A 等价于图形 C.

若 H 中的变换 f 把 A 变成 B,变换 g 把 B 变成 C,则变换 $g \cdot f$ 把 A 变成 C,由于 $g \cdot f$ 也在 H 中(H 是一个群),所以 A 等价于 C.

根据性质1,2,3,等价关系把所有图形组成的集合,划分成等价类,每个图形属于且只属于一类.

用群论的观点定义的几何学,如同克莱因所提出的,包括对空间 M 中图形的某些几何的性质和度量的研究,这些性质和量在已知群 H 的所有变换下是不变的,因此它们在所有等价的图形中是相同的.

图形在群 H 的元素——变换下不变的所有性质和量的集合,称为群 H 的几何学.

克莱因的思想,把不同的几何学看成是在它们所对应的变换群之下的不变量的集合,使得揭示各种几何学——射影的、仿射的、欧几里得的和罗巴切夫斯基的——之间的基本关系成为可能,它们在1880年前后被创立和研究.读者可在叶非莫夫的书《高等几何学》中找到关于这些事情的详细说明.

在下面两节中,我们将指出,如何用群论的观点构造出欧几里得几何学和罗巴切夫斯基几何学.

§3.2　欧几里得几何学

我们只限于研究平面欧几里得几何学.在§1.1中我们研究了欧氏平面上的运动,它被描述为平面上保持两点间的距离不变的一一变换,即通常所说的等距.相应的等价图形是可以经过等距互相变换的图形.容易验证等距的集合是平面上的变换群的一个子群.首先,设 f,g 是等距,则变换 $h=g\cdot f$ 仍是等距,这是因为变换 h 显然是一一的和满映射.若用 $d(x,y)$ 表示平面上两点 x 和 y 之间的距离,则对于平面上任意两

点 A 和 B,有

$$\begin{aligned} d(h(A),h(B)) &= d(g(f(A)),g(f(B))) \\ &= d(f(A),f(B)) \\ &= d(A,B) \end{aligned}$$

此外,若f是等距,f^{-1}是f的逆变换,则f^{-1}也是等距. 这是因为对于平面上的任意两点 A 和 B,有

$$\begin{aligned} d(A,B) &= d(f(f^{-1}(A)),f(f^{-1}(B))) \\ &= d(f^{-1}(A),f^{-1}(B)) \end{aligned}$$

于是,等距组成平面上的一个变换群,这个群的几何学称为平面欧几里得几何学.

由于任一等距(见 §1.1)是旋转、平移、或许还有关于一条直线的反射的复合(在这方面,我们允许旋转角是零的旋转和依零向量的平移,它们导致恒同变换),因此欧几里得几何学可以定义为,关于图形在所有可能的旋转、平移和轴反射以及它们的复合之下不变的性质和量的命题的集合.

在 §2.2,我们把欧氏平面上的点与复数等同看待,证明了复变量的第 1 型的和第 2 型的线性函数

$$z' = az + b \tag{3.3}$$

$$z' = a\bar{z} + b \tag{3.4}$$

决定平面的一一变换,当复数 a 的模是 1 时,它们决定的变换是等距. 我们将证明,能够用形如(3.3)和(3.4)的函数表示平面的任何一个等距. 事实上,设f是平面的任一等距,我们可以写成

$$f = p \cdot g \quad 或 \quad f = s \cdot p \cdot g$$

此处 g 是绕点 $D(d_1,d_2)$ 旋转角为 α 的旋转,p 是依坐标为(b_1,b_2)的向量$\overrightarrow{OB}$的平移,s 是关于经过点 $C(c_1,$

c_2）且与 x 轴的正方向作成 γ 角的直线 l 的反射.

旋转 g 对应于线性函数

$$z' = G(z) = a(z-d)+d$$

此处

$$a = \cos\alpha + \mathrm{i}\sin\alpha,\quad d = d_1 + \mathrm{i}d_2$$

平移 p 对应于线性函数

$$z' = P(z) = z + b$$

此处

$$b = b_1 + \mathrm{i}b_2$$

最后,关于直线 l 的反射 S 对应于线性函数

$$z' = S(z) = u(\bar{z}-\bar{c}) + c$$

此处

$$u = \cos 2\gamma + \mathrm{i}\sin\gamma,\quad c = c_1 + \mathrm{i}c_2,\quad \bar{c} = c_1 - \mathrm{i}c_2$$

我们留给读者自己去检验上述诸事实的正确性.

这样,在 $f = p\cdot g$ 的情形时,函数 f 的形式为

$$z' = P(G(z)) = G(z) + b = a(z-d) + d + b$$
$$= az + d + b - ad$$

或者最后表示为

$$z' = az + (d + b - ad)$$

此处

$$|a| = \sqrt{\cos^2\alpha + \sin^2\alpha} = 1$$

若 $f = s\cdot p\cdot g$,则对应的函数形式为

$$z' = S(P(G(z))) = S(az + (d + b - ad))$$
$$= u[\overline{(az + (d + b - ad))} - \bar{c}] + c$$
$$= u(\overline{az} + (\bar{d} + \bar{b} - \overline{ad}) - \bar{c}) + c$$

或者最后表示为

$$z' = (u\bar{a})\bar{z} + (u(\bar{d} + \bar{b} - \overline{ad} - \bar{c}) + c)$$

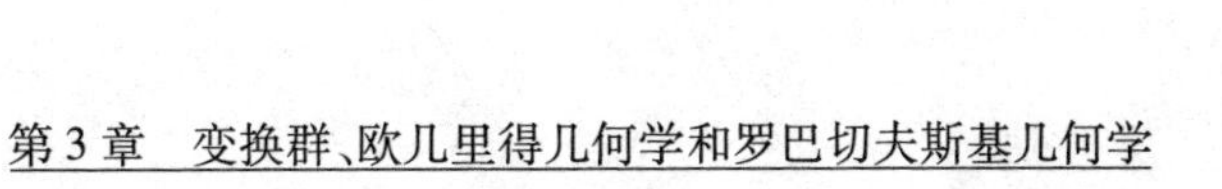

此处

$$|u\bar{a}| = |\cos(2\varphi - \alpha) + i\sin(2\varphi - \alpha)| = 1$$

从上述讨论，我们得到：

定理3.2　在欧氏平面的等距和具有 $|a| = 1$ 的复变量的第1型及第2型的线性函数

$$z' = az + b$$

及

$$z' = a\bar{z} + b$$

之间，存在一一对应；此外还有，若等距f是等距f_1和f_2的复合，即

$$f = f_2 \cdot f_1$$

且复函数 $F(z)$，$F_1(z)$ 及 $F_2(z)$ 分别对应于f，f_1 及f_2，则

$$F(z) = F_2(F_1(z)) \tag{3.5}$$

特别地，若

$$F_1(z) = \begin{cases} a_1 z + b_1 & (3.6) \\ a_1\bar{z} + b_1 & (3.7) \end{cases}$$

$$F_2(z) = \begin{cases} a_2 z + b_2 & (3.8) \\ a_2\bar{z} + b_2 & (3.9) \end{cases}$$

则对应地有

$$F_2(F_1(z)) = \begin{cases} a_2 F_1(z) + b_2 = \begin{cases} a_2 a_1 z + (a_2 b_1 + b_2) \\ a_2 a_1 \bar{z} + (a_2 b_1 + b_2) \end{cases} \\ a_2 \overline{F_1(z)} + b_2 = \begin{cases} a_2 \bar{a}_1 \bar{z} + (a_2 \bar{b}_1 + b_2) \\ a_2 \bar{a}_1 z + (a_2 \bar{b}_1 + b_2) \end{cases} \end{cases} \tag{3.10}$$

函数(3.6)与(3.8)的复合及函数(3.7)与(3.9)的复合，都得到第1型的线性函数；而函数

(3.6) 与(3.9) 的复合及函数(3.7) 与(3.8) 的复合，都得到第 2 型的线性函数．在所有这 4 个函数中，z 和 $\bar{z}$ 的系数的模，显然都等于 1.

对于每一对复的线性函数 $F_1(z)$ 和 $F_2(z)$，由公式(3.5) ~ (3.10) 得到对应的复的线性函数 $F(z)$，我们称上述函数 $F(z)$ 为函数 $F_1(z)$ 和 $F_2(z)$ 的复合，记为 $(F_2 \cdot F_1)(z)$.

第 1 型和第 2 型线性函数的集合，对于复合运算，组成一个群．验证这个事实非常简单．仅从复合的定义就得到它满足结合律．此外，函数 $F(z) = z$，对应于平面上的恒同变换，在这个群中起单位元的作用．最后，函数

$$Q(z) = \begin{cases} \frac{1}{a}z - \frac{b}{a}, \text{当 } F(z) = az + b \text{ 时} \\ \frac{1}{\bar{a}}\bar{z} - \frac{\bar{b}}{\bar{a}}, \text{当 } F(z) = a\bar{z} + b \text{ 时} \end{cases} \tag{3.11}$$

满足

$$(F \cdot Q)(z) = F(Q(z)) = z$$

也就是 $Q(z) = F^{-1}(z)$.

我们来考察变量 z 的系数的模为 1 的所有第 1 型和第 2 型线性函数的集合．从线性函数的复合的公式(3.10) 及线性函数的逆的公式(3.11)，得到这个集合组成上面引进的线性函数群的一个子群．我们用 E 来表示这个子群．显然，E 是复数集的一个变换群．

综上所述，我们得到下述定理：

定理 3.3　群 E 之下不变量的集合是平面欧几里得几何学．

§3.3　罗巴切夫斯基几何学

19世纪上半叶，俄国数学家Н·И·罗巴切夫斯基解决了欧几里得几何学中平行公理不依赖于其他公理这个历史悠久的难题．罗巴切夫斯基创立的新思想，对数学后来的发展产生了巨大的影响．

作为罗巴切夫斯基几何学的基础的公理体系，是从欧几里得几何学的公理体系中，用一个新公理替代平行公理而得到的，这个新公理的陈述正好与欧几里得的平行公理相反．这个新公理的明确表述如下："在包含直线a及不在a上的一点A的任一平面上，经过点A至少有两条不同的直线a'及a''，它们与直线a没有公共点"．

下面我们将提供法国数学家庞加莱提出的关于罗巴切夫斯基几何学的一个解释．

在欧氏平面上，我们考虑某一条直线l，不失普遍性，我们假设这条直线l与x轴重合．我们把平面上纵坐标满足不等式$y>0$的所有点(x,y)的集合，叫作**上半平面**．

我们取上半平面的点为罗氏平面的点．注意，x轴上的点不是罗氏平面的点．我们把中心在x轴上的欧氏半圆及顶点在x轴上且与x轴垂直的射线，看作是罗氏平面上的直线(图3.1)．

对于两个图形A和B，如果存在有限个变换φ_1，$\varphi_2,\cdots,\varphi_m$，其中每一个或者是中心在$x$轴上的反演，或者是关于垂直于$x$轴的直线的反射，使得变换$f=\varphi_m\cdot$

$\varphi_{m-1}\cdot\cdots\cdot\varphi_2\cdot\varphi_1$ 把图形 A 变成图形 B,我们就称图形 A 与图形 B 是等价的.

很明显,在庞加莱的解释中,罗氏公理得到满足(图3.2).我们留给读者自己去确认对于图3.2中没有画出的情形,罗氏公理也能成立.

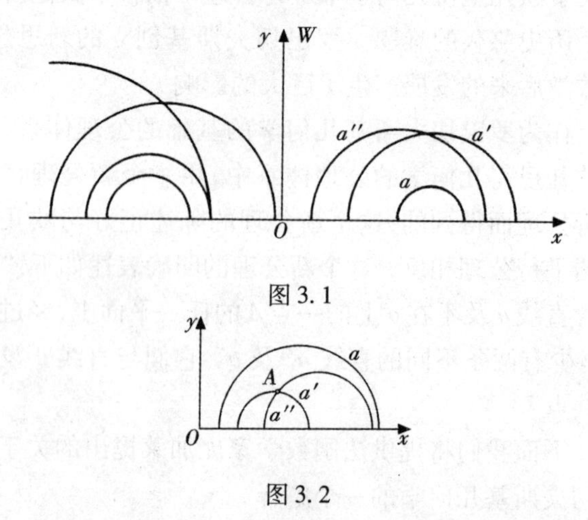

图3.1

图3.2

我们用 W 表示上半平面,设 H 是形如

$f=\varphi_m\cdot\varphi_{m-1}\cdot\cdots\cdot\varphi_2\cdot\varphi_1$($m$ 是任一自然数)

的所有变换的集合,此处 $\varphi_1,\cdots,\varphi_m$ 是中心在 x 轴上的反演,或者是关于垂直于 x 轴的直线的反射.

从这些变换的性质,我们已经知道,它们中的每一个都是一一的,都把上半平面变成它自身.因此,集合 H 是由上半平面 W 到它自身上的一一变换组成的.

我们现在来证明 H 是在集合 W 上的一个变换群.若 f 和 g 在 H 中,且

$$f=\varphi_m\cdot\varphi_{m-1}\cdot\cdots\cdot\varphi_2\cdot\varphi_1$$
$$g=\psi_n\cdot\psi_{n-1}\cdot\cdots\cdot\psi_2\cdot\psi_1$$

则对于 f 和 g 的复合，我们有公式

$$g \cdot f = \psi_n \cdot \psi_{n-1} \cdot \cdots \cdot \psi_2 \cdot \psi_1 \cdot \varphi_m \cdot \varphi_{m-1} \cdot \cdots \cdot \varphi_2 \cdot \varphi_1$$

从它得到 $g \cdot f$ 也在集合 H 中.

由于同一个反演或反射 φ，接连地进行两次得到恒同变换，所以显然有

$$\varphi^{-1} = \varphi$$

因此，变换

$$h = \varphi_1 \cdot \varphi_2 \cdot \cdots \cdot \varphi_m$$

是变换

$$g = \varphi_m \cdot \varphi_{m-1} \cdot \cdots \cdot \varphi_1$$

的逆. 显然，变换 h 也在集合 H 中. 这样，上半平面上的变换的集合 H，在复合运算下组成一个群（见 §3.1.2）.

群 H 中的变换在罗氏平面上起等距的作用：它们把一个图形变成在上述定义下的等价图形.

因此，罗巴切夫斯基几何学，可以定义为上半平面 W 的变换群 H 之下的不变量的集合.

在最后结束时，我们建议读者完成下列非常有用的练习：借助于复变量的线性分式函数的帮助，明确表述罗巴切夫斯基几何学，正如我们在 §3.2 对欧几里得几何学所做的那样.

读者可以在 H·B·叶非莫夫的《高等几何学》① 中找到我们在本书第3章中讨论的问题的详细讲解.

---

① 叶非莫夫的《高等几何学》（上册）有中译本，裘光明译，高等教育出版社，1954年出版.——译者注

麦比乌斯函数的提出与性质

第4章

§4.1 一道美国数学奥林匹克试题

试题 多项式 $(1-z)^{b_1}(1-z^2)^{b_2}\cdots(1-z^{32})^{b_{32}}$，其中 b_i 为正整数，具有以下性质：将它乘开后，如果忽略 z 的高于32次的那些项，留下的是 $1-2z$，试求 b_{32}.

这是第17届美国数学奥林匹克第5题，这个解答是比较容易想到的

$$(1-z)^{b_1}(1-z^2)^{b_2}\cdots(1-z^{32})^{b_{32}}$$
$$\equiv 1-2z(\bmod z^{33})$$

所以比较 z 的系数得 $b_1=2$. 将上式左边的多项式 $f(z)$ 乘以 $f(-z)$ 产生

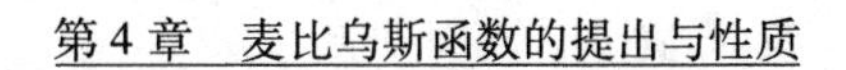

$$(1-z^2)^{b_1+2b_2}(1-z^4)^{2b_4}(1-z^6)^{b_3+2b_6}(1-z^{32})^{2b_{32}}$$
$$\equiv 1-4z^2 \pmod{z^{34}}$$

即

$$\begin{aligned} g(w) &= (1-w)^{b_1+2b_2}(1-w^2)^{2b_4} \cdot \\ &\quad (1-w^3)^{b_3+2b_6}(1-w^4)^{2b_8} \cdot \cdots \cdot \\ &\quad (1-w^{16})^{2b_{32}} \\ &\equiv 1-4w \pmod{w^{17}} \end{aligned}$$

比较 w 的系数得 $b_1+2b_2=4$,从而 $b_2=1$,有

$$\begin{aligned} g(w)g(-w) &\equiv (1-w^2)^{b_1+2b_2+4b_4}(1-w^4)^{4b_8} \cdot \cdots \cdot \\ &\quad (1-w^{16})^{4b_{32}} \\ &\equiv 1-16w^2 \pmod{w^{18}} \end{aligned}$$

可推得

$$b_1+2b_2+4b_4=16$$

从而

$$b_4=\frac{16-4}{4}=3$$

如此继续下去,依次得出

$$b_8=30, b_{16}=2^{12}-2^4=4\ 080$$

最后由方程

$$b_1+2b_2+4b_4+8b_8+16b_{16}+32b_{32}=2^{32}$$

得

$$b_{32}=\frac{2^{32}-2^{16}}{32}=2^{27}-2^{11}$$

现在的问题是如何能得到 b_n 的一般表达式. 我们说,如果利用数论中著名的麦比乌斯函数 $\mu(d)$,可将一般表达式表示为 $b_n=\frac{1}{n}\sum_{d\mid n}\mu(d)2^{\frac{n}{d}}(1\leqslant n\leqslant 32)$,其中"$\sum_{d\mid n}$"表示对 n 的所有正因数 d 求和.

例 设 m 是大于 1 的整数,证明:满足 $p \equiv 1(\bmod m)$ 的素数有无穷多个.

证明 本题的证明分两步,首先证明存在使 $p \equiv 1(\bmod m)$ 的素数 p,这里 m 是任意正整数,其次再证明这样的素数有无穷多个.

作多项式

$$F_m(x) = \prod_{d \mid m} (x^{\frac{m}{d}} - 1)^{\mu(d)}$$

其中,d 是 m 的因数,$\mu(d)$ 是麦比乌斯函数,$F_m(x)$ 的根均为 m 阶单位根. 显然 $F_m(x)$ 是主系数为 1 的整系数多项式,如设

$$x^m - 1 = F_m(x)G(x)$$

则 $G(x)$ 也是整系数多项式. 取 x 的值为 a,且为 m 的倍数,则由于 $a^m - 1$ 与 m 互素,故 $F_m(a)$ 也与 m 互素. 又由于使 $F_m(x) = \pm 1$ 的 x 的值只有有限个,故可取这样的 a,使 $F_m(a) \neq \pm 1$.

现设 $F_m(a)$ 的任意一个素因数为 p,可以证明 $p \equiv 1(\bmod m)$. 由于 $(F_m(a), m) = 1$,故 $(p, m) = 1$,且

$$a^m \equiv 1(\bmod p)$$

因此 a 关于模 p 的阶数 l 是 m 的因数. 可以证明 $l = m$. 事实上,如果 $l < m$,则 $F_m(x)$ 与 $x^l - 1$ 没有公共根(因为 $F_m(x)$ 的根均为 m 阶单位根,而 $l < m$),而 $x^m - 1$ 可被 $x^l - 1$ 整除,这就表明 $G(x)$ 可被 $x^l - 1$ 整除. 如设 $G(x) = (x^l - 1)H(x)$,则

$$F_m(x)H(x) = \frac{x^m - 1}{x^l - 1} = 1 + x^l + (x^l)^2 + \cdots + (x^l)^{\frac{m}{l}}$$

由于 $a^l \equiv 1(\bmod p)$,$F_m(a) \equiv 0(\bmod p)$,故

$$0 \equiv F_m(a)H(a) = 1 + a^l + (a^l)^2 + \cdots + (a^l)^{\frac{m}{l}}$$

$$\equiv \frac{m}{l} \pmod p$$

这表示 $p \mid m$，但这与 $p \nmid m$ 矛盾，故 $m = l$. 这样再由费马(Fermat) 定理便知 m 是 $p - 1$ 的因数，即 $p \equiv 1 \pmod m$. 于是就证明了的确存在这样的素数 p，使 $p \equiv 1 \pmod m$.

其次再证明这样的素数有无穷多个. 由上面的证明可知，存在满足如下条件的素数 $p_1, p_2, \cdots, p_i, \cdots$，即

$$p_1 \equiv 1 \pmod m$$

$$p_2 \equiv 1 \pmod {mp_1}$$

$$\vdots$$

$$p_i \equiv 1 \pmod {mp_1p_2\cdots p_{i-1}}$$

$$\vdots$$

显然有 $p_i \equiv 1 \pmod m \ (i = 1, 2, \cdots)$，这表示满足 $p \equiv 1 \pmod m$ 的素数有无穷多个.

§4.2　麦比乌斯其人

奥古斯特·费迪南德·麦比乌斯(August Ferdinand Möbius，1790—1868) 出生于德国瑙姆堡(Naumberg) 附近的舒尔福特的一个镇. 他的父亲是舞蹈教师，他的母亲是马丁·路德(Martin Luther) 的后裔. 麦比乌斯在13岁前一直接受家庭教育，很小的时候就显露出他在数学上的爱好和天赋. 1803年到1809年进入莱比锡大学，在那里他接受了正规的数学训练. 他原本学法律，但后来决定投身于他喜欢的领域——数学、物理和天文学. 在哥廷根深造的时候，

他跟随高斯(Gauss)学习天文学. 在哈雷(Halle),他跟随普法弗(Pfaff)学习数学,后来他成为莱比锡大学的天文学教授,并在那里一直工作到去世. 麦比乌斯对很多领域都做出了贡献,如天文学、力学、射影几何、光学、静力学和数论. 今天,他最有名的成果就是发现了单侧曲面,称之为麦比乌斯带(Möbius strip),把一个纸带旋转半圈,再把两端粘上之后即是.

麦比乌斯虽然是一位著名的数学家,但其后代精通数学的却不多. 他的孙子也叫麦比乌斯,却是一位神经病学专家,严重缺乏数学知识,并受此拖累得到了一些不正确的结果.

据法国著名数学家雅克·阿达玛(Jacques Hadamard,1865—1963)在其《数学领域中的发明心理学》中曾介绍说:

客观方法已被广泛地用来研究各种类型的发明,但却还没有用来研究数学的发明. 不过尚有一个例外,那就是由著名的加尔(Gall)所创立的一种很古怪的理论,即所谓的"骨相说". 加尔的确有许多了不起的见解,而且他是大脑皮层分区理论的创立者. 但这个"骨相说"原则,正如近代一些神经病学专家所认为的,却是一个很荒谬的假说. 根据此原则,人的数学能力是由头盖骨上的一个隆起部分,即一个局部的骨相所决定的.

加尔的思想在1900年被麦比乌斯的孙子所继承.

麦比乌斯的孙子写了一本书,按一位神经病学专家的观点,对数学能力做了相当广泛而深入的研究. 书中包括诸如数学家的家谱、经历和数学之外的才能

等各方面的丰富资料，从而使该书饶有趣味．虽然该书中的一些重要资料是颇有价值的，但就全书而论，实际上并没有提出什么新颖的观点，至多只有一个关于数学家的艺术爱好的观点可算作例外；麦比乌斯的孙子证实了一个实际上早就流传的观点，即数学家都很喜欢音乐，因而他断定，数学家对其他艺术也是很有兴趣的．麦比乌斯的孙子基本上同意加尔的结论，虽然他们在使用数学符号是否描述得更为明白或更加灵活等问题上还有些不同的意见．

尽管如此，加尔 – 麦比乌斯（此处指麦比乌斯的孙子）的“骨相”假说并没有得到普遍承认．解剖学家和神经病学专家都很激烈地反对加尔，因为加尔所认定的那个“大脑形状与脑壳形状相一致”的骨相学原则是不准确的……

当然，若把加尔的原则作如下的广义解释，即认为数学能力是依赖于大脑的结构和生理活动的，那么上述种种矛盾问题就不复存在了．然而，加尔和麦比乌斯的孙子的解释却并非如此．

§4.3　麦比乌斯函数的提出

设 f 为算术函数[①]，f 的和函数 F 为 $F(n)=\sum_{d\mid n}f(d)$，它是根据 f 的值所决定的．这种关系可以反过来吗？也就是说，是否存在一种用 F 来求出 f 的值的简便方法？本节我们将给出这样的公式．首先通过一

① 所谓算术函数是指定义在正整数集上的有确定值的函数．

些研究来看看什么样的公式是可行的.

若 f 是算术函数,F 是它的和函数 $F(n)=\sum_{d\mid n}f(d)$. 按照定义分别展开 $F(n)$,$n=1,2,\cdots,8$,我们有

$$
\begin{aligned}
F(1)&=f(1)\\
F(2)&=f(1)+f(2)\\
F(3)&=f(1)+f(3)\\
F(4)&=f(1)+f(2)+f(4)\\
F(5)&=f(1)+f(5)\\
F(6)&=f(1)+f(2)+f(3)+f(6)\\
F(7)&=f(1)+f(7)\\
F(8)&=f(1)+f(2)+f(4)+f(8)\\
&\vdots
\end{aligned}
$$

从上面的方程中解出 $f(n)$ 在 $n=1,2,\cdots,8$ 处的值,我们得到

$$
\begin{aligned}
f(1)&=F(1)\\
f(2)&=F(2)-F(1)\\
f(3)&=F(3)-F(1)\\
f(4)&=F(4)-F(2)\\
f(5)&=F(5)-F(1)\\
f(6)&=F(6)-F(3)-F(2)+F(1)\\
f(7)&=F(7)-F(1)\\
f(8)&=F(8)-F(4)
\end{aligned}
$$

注意到 $f(n)$ 等于形式为 $\pm F\left(\frac{n}{d}\right)$ 的一些项之和,其中 $d\mid n$. 从这个现象,可能有这样的一个等式,形式为

$$f(n)=\sum_{d|n}\mu(d)F(\frac{n}{d})$$

其中μ是算术函数．如果等式成立，我们计算得到$\mu(1)=1,\mu(2)=-1,\mu(3)=-1,\mu(4)=0,\mu(5)=-1,\mu(6)=1,\mu(7)=-1$和$\mu(8)=0$. 又$F(p)=f(1)+f(p)$给出$f(p)=F(p)-F(1)$，其中$p$是素数，则$\mu(p)=-1$. 又因为

$$F(p^2)=f(1)+f(p)+f(p^2)$$

我们有

$$\begin{aligned}f(p^2)&=F(p^2)-(F(p)-F(1))-F(1)\\&=F(p^2)-F(p)\end{aligned}$$

这要求对任意素数p，有$\mu(p^2)=0$. 类似的原因给出对任意素数p且$k>1$，有$\mu(p^k)=0$. 如果我们猜想μ是积性函数①，则μ的值就由所有素数幂处的值所决定．这就给出下面的定义．

4.3.1　麦比乌斯函数$\mu(n)$定义为

$$\mu(n)=\begin{cases}1, & \text{如果 } n=1\\(-1)^r, & \text{如果 } n=p_1p_2\cdots p_r\text{，其中}\\ & \quad p_i(i=1,\cdots,r)\text{ 为不同的素数}\\0, & \text{其他情形}\end{cases}$$

麦比乌斯函数以奥古斯特·费迪南德·麦比乌斯的名字命名．

---

①　如果数论函数$f(n)$同时满足以下两个条件：

$f(n)$不恒等于0；

对于互素的正整数n_1和n_2满足

$$f(n_1n_2)=f(n_1)f(n_2)$$

则称$f(n)$是积性函数．

由该定义可知当 n 被一个素数平方整除的话，则 $\mu(n)=0$. 在那些不含平方因子的 n 处，$\mu(n)\neq 0$.

例1　从 $\mu(n)$ 的定义，得到 $\mu(1)=1$，$\mu(2)=-1$，$\mu(3)=-1$，$\mu(4)=\mu(2^2)=0$，$\mu(5)=-1$，$\mu(6)=\mu(2\times 3)=1$，$\mu(7)=-1$，$\mu(8)=\mu(2^3)=0$，$\mu(9)=\mu(3^2)=0$ 和 $\mu(10)=\mu(2\times 5)=1$.

例2　我们有 $\mu(330)=\mu(2\times 3\times 5\times 11)=(-1)^4=1$，$\mu(660)=\mu(2^2\times 3\times 5\times 11)=0$ 和 $\mu(4\,290)=\mu(2\times 3\times 5\times 11\times 13)=(-1)^5=-1$.

下面我们举一个例子说明其应用.

《美国数学月刊》第51卷第8～9期第4072号问题如下：

例3　求证下式成立

$$\mathrm{e}^x=\frac{(1-x^2)^{\frac{1}{2}}(1-x^3)^{\frac{1}{3}}(1-x^5)^{\frac{1}{5}}\cdots}{(1-x)(1-x^6)^{\frac{1}{6}}(1-x^{10})^{\frac{1}{10}}\cdots}$$

$|x|<1$，等式右端的分式中，分子中的 x 的指数是含奇数个不重复素数因子的整数，而在分母中的 x 的指数含偶数个不重复的素数因子.

证明　我们考虑函数

$$f(x)=-\sum_{n=1}^{\infty}\frac{\mu(n)\lg(1-x^2)}{n},|x|<1$$

其中 $\mu(n)$ 是麦比乌斯函数，那么

$$\begin{aligned}f(x)&=\sum_{n=1}^{\infty}\frac{\mu(n)}{n}\sum_{\gamma=1}^{\infty}\frac{x^{n\gamma}}{\gamma}\\&=\sum_{n=1}^{\infty}\sum_{\gamma=1}^{\infty}\frac{\mu(n)}{n\gamma}x^{n\gamma},|x|<1\end{aligned}$$

在这个展开式中，x^m 的系数是

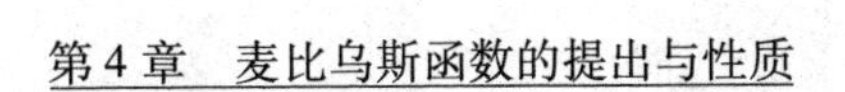

$$\sum_{n|m}\frac{\mu(n)}{m}=\frac{1}{m}\sum_{n|m}\mu(n)=0,m\neq 1$$

因此,当$f(x)=x$时,$e^x=\sum_{n=1}^{\infty}(1-x^n)^{-\frac{\mu(n)}{n}}$. 这将给出所求的结果.

§4.4　一道涉及麦比乌斯函数的国家集训队试题

试题　设正整数数列$\{a_n\}(n\geqslant 1)$满足$(a_m,a_n)=a_{(m,n)}$(对所有的$m,n\in\mathbf{N}^*$). 求证:对任意的$n\in\mathbf{N}^*$,$\prod_{d|n}a_d^{\mu(\frac{n}{d})}$是一个整数,其中$\mu(n)$为麦比乌斯函数.

证法1　先证明一个引理.

引理:设$p_1,\cdots,p_k$是互不相同的素数,$M=p_1\cdots p_k$,正整数数列$\{b_n\}(n\mid M)$满足:对任意的$r\mid M$,$s\mid M$,有$(b_r,b_s)=b_{(r,s)}$,则$\prod_{d|M}b_{\frac{M}{d}}^{\mu(d)}$是一个正整数.

引理的证明:首先注意到,当$n\mid\frac{M}{p_k}$时,有$p_k\mid M,n\mid M$,故$(b_{np_k},b_n)=b_n$. 从而对任意的$n\mid\frac{M}{p_k}$,$f_n=\frac{b_{np_k}}{b_n}$是一个正整数,我们先证明

$$(f_r,f_s)=f_{(r,s)},对任意的r\mid\frac{M}{p_k},s\mid\frac{M}{p_k}\quad(4.1)$$

为了证明式(4.1),一方面,由条件易知$b_r\mid b_{rp_k}$及$b_{(r,s)p_k}\mid b_{rp_k}$,从而$[b_r,b_{(r,s)p_k}]\mid b_{rp_k}$. 但$p_k\nmid r$,故

$$(b_r,b_{(r,s)p_k})=b_{(r,(r,s)p_k)}=b_{(r,s)}$$

于是利用$[u,v](u,v)=uv$(u,v为正整数),可得

$$b_{(r,s)p_k}b_r \mid b_{(r,s)}b_{rp_k}$$

故由 f_n 的上述定义,可得 $f_{(r,s)} \mid f_r$. 同理 $f_{(r,s)} \mid f_s$,于是 $f_{(r,s)} \mid (f_r,f_s)$.

另一方面,由 $b_{(r,s)} \mid b_r$,知 $\frac{b_{rp_k}}{b_r} \mid \frac{b_{rp_k}}{b_{(r,s)}}$,同理有 $\frac{b_{sp_k}}{b_s} \mid \frac{b_{sp_k}}{b_{(r,s)}}$,由此易知

$$\left(\frac{b_{rp_k}}{b_r},\frac{b_{sp_k}}{b_s}\right) \mid \left(\frac{b_{rp_k}}{b_{(r,s)}},\frac{b_{sp_k}}{b_{(r,s)}}\right)$$

而

$$\left(\frac{b_{rp_k}}{b_r},\frac{b_{sp_k}}{b_s}\right) = (f_r,f_s)$$

$$\left(\frac{b_{rp_k}}{b_{(r,s)}},\frac{b_{sp_k}}{b_{(r,s)}}\right) = \frac{(b_{rp_k},b_{sp_k})}{b_{(r,s)}} = \frac{b_{(r,s)p_k}}{b_{(r,s)}} = f_{(r,s)}$$

故 $(f_r,f_s) \mid f_{(r,s)}$.

综上,即知式(4.1)成立.

现在对 k 进行归纳证明命题. 当 $k=1$ 时,$M=p_1$,由已知条件知 $(b_1,b_{p_1})=b_1$,故 $b_1 \mid b_{p_1}$,因此

$$\prod_{d\mid M} b_{\frac{M}{d}}^{\mu(d)} = \frac{b_{p_1}}{b_1}$$

是一个正整数.

设命题在 $k-1$ 时成立($k\geqslant 2$). 下面证明,命题在 k 时也成立.

由式(4.1)及归纳假设,可知 $\prod_{d\mid \frac{M}{p_k}} f_{\frac{M}{dp_k}}^{\mu(d)}$ 是一个正整数,而

$$\prod_{d\mid M} b_{\frac{M}{d}}^{\mu(d)} = \prod_{\substack{d\mid M\\ p_k\nmid d}} b_{\frac{M}{d}}^{\mu(d)} \cdot \prod_{\substack{d\mid M\\ p_k\mid d}} b_{\frac{M}{d}}^{\mu(d)}$$

$$= \prod_{d \mid \frac{M}{p_k}} b_{\frac{M}{d}}^{\mu(d)} \cdot b_{\frac{M}{dp_k}}^{\mu(dp_k)}$$

$$= \prod_{d \mid \frac{M}{p_k}} \left(\frac{b_{\frac{M}{d}}}{b_{\frac{M}{dp_k}}} \right)^{\mu(d)}$$

$$= \prod_{d \mid \frac{M}{p_k}} f_{\frac{M}{dp_k}}^{\mu(d)}$$

因此$\prod_{d \mid M} b_{\frac{M}{d}}^{\mu(d)}$是一个正整数,即命题在$k$时也成立.(这里用到一个事实:当$d \mid \frac{M}{p_k}$时,有$\mu(dp_k) = -\mu(d)$. 这是因为若$d$是$l$个互不相同的素数之积,则$dp_k$是$l+1$个互不相同的素数之积,故$\mu(dp_k) = (-1)^{l+1} = (-1) \times (-1)^l = -\mu(d)$)

最后,再来证原问题. 对给定的$n \in \mathbf{N}^*$,若$n = 1$,则

$$\prod_{d \mid n} a_d^{\mu\left(\frac{n}{d}\right)} = a_1$$

是一个正整数.

若$n > 1$,设$n = p_1^{\alpha_1} \cdots p_k^{\alpha_k}$,令$t = p_1^{\alpha_1 - 1} \cdots p_k^{\alpha_k - 1}$,显然$t$是一个正整数.

考虑一个新数列$\{h_r\}$,其中$h_r = a_{rt}$,对所有的$r \mid p_1 \cdots p_k$.

显然$\{h_r\}$为正整数数列,且对任意的$r \mid p_1 \cdots p_k$,$s \mid p_1 \cdots p_k$,有

$$\begin{aligned}(h_r, h_s) &= (a_{rt}, a_{st}) \\ &= a_{(rt, st)} = a_{(r,s)t} \\ &= h_{(r,s)}\end{aligned}$$

由引理可知

$$\prod_{d \mid p_1\cdots p_k} h_{\frac{p_1\cdots p_k}{d}}^{\mu(d)}$$

是一个正整数．从而

$$\prod_{d \mid n} a_d^{\mu\left(\frac{n}{d}\right)} = \prod_{d \mid n} a_{\frac{n}{d}}^{\mu(d)} = \prod_{d \mid \frac{n}{t}} a_{\frac{n}{d}}^{\mu(d)}$$

$$= \prod_{d \mid \frac{n}{t}} h_{\frac{t}{d}}^{\mu(d)} = \prod_{d \mid p_1\cdots p_k} h_{\frac{p_1\cdots p_k}{d}}^{\mu(d)}$$

是一个正整数(证毕)．

单墫教授对此题给出了一个富有启发性的解答．

证法2　我们从简单情况逐步做起．

我们记

$$(a_m, a_n) = a_{(m,n)} \tag{4.2}$$

1. 当 $n=1$ 时，$\prod_{d \mid n} a_d^{\mu\left(\frac{n}{d}\right)}$ 只有一项 $a_1^{\mu(1)} = a_1$ 是整数．

2. 当 n 为质数 p 时

$$\prod_{d \mid n} a_d^{\mu\left(\frac{n}{d}\right)} = a_1^{\mu(p)} a_p^{\mu(1)} = a_1^{-1} a_p$$

而由式(4.2)，有

$$(a_p, a_1) = a_1$$

所以 $a_1 \mid a_p$，$a_1^{-1} a_p$ 是整数．

3. 当 $n = pq$，p 与 q 为不同的质数时，则

$$\prod_{d \mid n} a_d^{\mu\left(\frac{n}{d}\right)} = a_1 a_p^{\mu(q)} a_q^{\mu(p)} a_{pq} = a_1 a_p^{-1} a_q^{-1} a_{pq} \tag{4.3}$$

$$(a_p, a_q) = a_{(p,q)} = a_1$$

所以 $a_1 a_p^{-1} a_q^{-1} = [a_p, a_q]^{-1}$，这里 $[a_p, a_q]$ 是 a_p，a_q 的最小公倍数．而由式(4.2)知

$$(a_{pq}, a_p) = a_p, (a_{pq}, a_q) = a_q$$

所以 a_{pq} 是 a_p，a_q 的公倍数．故

$$a_1 a_p^{-1} a_q^{-1} a_{pq} = \frac{a_{pq}}{[a_p, a_q]}$$

是整数.

4. 当 $n = p_1 p_2 \cdots p_k, p_1, p_2, \cdots, p_k$ 为不同的质数时,有

$$\prod_{d|n} a_d^{\mu(\frac{n}{d})} = a_{p_1p_2\cdots p_k}(a_{p_1p_2\cdots p_{k-1}}\cdots a_{p_2p_3\cdots p_k})^{-1}(a_{p_1p_2\cdots p_{k-2}}\cdots a_{p_3p_4\cdots p_k})\cdot\cdots\cdot(a_{p_1p_2\cdots p_{k-1}p_k})^{(-1)^{k-2}}(a_{p_1}a_{p_2}\cdots a_{p_k})^{(-1)^{k-1}}\cdot a_1^{(-1)^k} \tag{4.4}$$

其中第一个括号内的乘数,下标为 $k-1$ 个质数的积;第二个括号内的乘数,下标为 $k-2$ 个质数的积……

设任一质数 x 在 $a_{p_1p_2\cdots p_{k-1}}, \cdots, a_{p_2p_3\cdots p_k}$ 中出现的次数依次为 $\alpha_k, \alpha_{k-1}, \cdots, \alpha_1$,则由式(4.2),第二个括号内,每一个乘数是第一个括号内的某两个的最大公约数,x 的次数为

$$\min\{\alpha_i, \alpha_j\}, 1 \leqslant i < j \leqslant k \tag{4.5}$$

第三个括号内的各乘数中,x 的次数为

$$\min\{\min\{\alpha_i, \alpha_j\}, \min\{\alpha_i, \alpha_t\}\} = \min\{\alpha_i, \alpha_j, \alpha_t\}, 1 \leqslant i < j < t \leqslant k \tag{4.6}$$

$$\vdots$$

于是

$$(a_{p_1p_2\cdots p_{k-1}}\cdots a_{p_2p_3\cdots p_k})(a_{p_1p_2\cdots p_{k-2}}\cdots a_{p_3p_4\cdots p_k})^{-1}\cdots(a_{p_1p_2\cdots p_k})^{(-1)^k} a_1^{(-1)^{k+1}}$$

中 x 的次数为

$$\alpha_1 + \alpha_2 + \cdots + \alpha_k - \sum \min\{\alpha_i, \alpha_j\} + \sum \min\{\alpha_i, \alpha_j, \alpha_t\} - \cdots + (-1)^{k+1} \min\{\alpha_1, \alpha_2, \cdots, \alpha_k\} \tag{4.7}$$

易知式(4.7) 的值为

$$\max\{\alpha_1,\alpha_2,\cdots,\alpha_k\} \tag{4.8}$$

因此

$$\begin{aligned}&(a_{p_1p_2\cdots p_{k-1}}\cdots a_{p_2p_3\cdots p_k})(a_{p_1p_2\cdots p_{k-2}}\cdots a_{p_3p_4\cdots p_k})^{-1}\cdots\\&(a_{p_1p_2\cdots p_k})^{(-1)^k}a_1^{(-1)^{k+1}}\\=&[a_{p_1p_2\cdots p_{k-1}},\cdots,a_{p_2p_3\cdots p_k}]\end{aligned} \tag{4.9}$$

而由式(2),$a_{p_1p_2\cdots p_k}$ 是 $a_{p_1p_2\cdots p_{k-1}},\cdots,a_{p_2p_3\cdots p_k}$ 的公倍数,因而被最小公倍数$[a_{p_1p_2\cdots p_{k-1}},\cdots,a_{p_2p_3\cdots p_k}]$ 整除,即 $\prod\limits_{d|n}a_d^{\mu(\frac{n}{d})}$ 是整数.

5. 一般情况,当 $n=p_1^{\beta_1}p_2^{\beta_2}\cdots p_k^{\beta_k}$,$p_1,p_2,\cdots,p_k$ 为不同的质数,$\beta_1,\beta_2,\cdots,\beta_k$ 为正整数时,记 $h=p_1^{\beta_1-1}p_2^{\beta_2-1}\cdots p_k^{\beta_k-1}$.

如果 $d\mid n$,而 $h\nmid d$,那么在 $\prod\limits_{d|n}a_d^{\mu(\frac{n}{d})}$ 中

$$\mu\left(\frac{n}{d}\right)=0 \tag{4.10}$$

因此

$$\prod_{d|n}a_d^{\mu(\frac{n}{d})}=\prod_{d|p_1p_2\cdots p_k}a_{hd}^{\mu(\frac{p_1p_2\cdots p_k}{d})}=\prod_{d|p_1p_2\cdots p_k}b_d^{\mu(\frac{p_1p_2\cdots p_k}{d})} \tag{4.11}$$

其中

$$b_d=a_{hd} \tag{4.12}$$

因为

$$(b_c,b_d)=(a_{hc},a_{hd})=a_{h(c,d)}=b_{(c,d)} \tag{4.13}$$

所以对于$\{b_d\}$,相应于(4.2) 的式子成立,从而由(4.4) 知,式(4.11) 是整数,即 $\prod\limits_{d|n}a_d^{\mu(\frac{n}{d})}$ 是整数.

评注　千里之行,始于足下,从简单的做起,是解题的一般方法,本题是一个极好的例证.

§4.5　曼戈尔特函数 $\Lambda(n)$

曼戈尔特(Hans Carl Friedrich von Mangoldt,1854—1925)是一位德国数学家,生于魏玛,卒于波兰的但泽(Danzig).1884年在汉诺威(Hannover)成为数学教授,先后执教于亚琛(1886)和但泽(1904).曼戈尔特专门研究数论,特别对素数定理有重要贡献,他提出了以其名字命名的曼戈尔特函数,它在素数分布论中有重要作用.

4.5.1　对每一个整数 $n \geqslant 1$,我们定义

$$\Lambda(n) = \begin{cases} \lg p, n = p^m, p \text{ 为素数}, m \geqslant 1 \\ 0, \text{其他} \end{cases}$$

为了便于理解,我们将 $\Lambda(n)$ 的值列于简表1.1中

.

表1.1

n	1	2	3	4	5	6	7	8	9	10
$\Lambda(n)$	0	lg 2	lg 3	lg 2	lg 5	0	lg 7	lg 2	lg 3	0

对此我们有如下定理.

定理 4.1　如果 $n \geqslant 1$,我们有

$$\lg n = \sum_{d \mid n} \Lambda(n) \tag{4.14}$$

证明可参见任何一本标准的初等数论教程.

$\Lambda(n)$ 与 $\mu(n)$ 有着非常密切的关系,存在如下定理.

定理 4.2　设 n 为整数,且 $n \geqslant 1$,则有

$$\Lambda(n) = \sum_{d \mid n} \mu(d) \lg \frac{n}{d} = -\sum_{d \mid n} \mu(d) \lg d$$

证明　对式(4.14)用麦比乌斯反演公式,因为对所有的正整数 n,$I(n)\lg n = 0$,因此可得

$$\begin{aligned}\Lambda(n) &= \sum_{d \mid n} \mu(d) \lg \frac{n}{d} \\ &= \lg n \sum_{d \mid n} \mu(d) - \sum_{d \mid n} \mu(d) \lg d \\ &= I(n) \lg n - \sum_{d \mid n} \mu(d) \lg d \\ &= -\sum_{d \mid n} \mu(d) \lg d\end{aligned}$$

§4.6　麦比乌斯函数的两个简单性质

定理 4.3　如果 $n \geqslant 1$,则有

$$\sum_{d \mid n} \mu(d) = \left[\frac{1}{n}\right] \quad (1)$$ ①

证明　当 $n = 1$ 时,式(4.15)显然成立.

现设 $n > 1$,n 的标准分解式为 $n = p_1^{l_1} \cdots p_s^{l_s}$,则

$$\begin{aligned}\sum_{d \mid n} \mu(d) &= \mu(1) + \mu(p_1) + \cdots + \mu(p_s) + \\ &\quad \mu(p_1 p_2) + \cdots + \\ &\quad \mu(p_{s-1} p_s) + \cdots + \mu(p_1 \cdots p_s) \\ &= 1 + \mathrm{C}_s^1(-1) + \mathrm{C}_s^2(-1)^2 + \cdots + \\ &\quad \mathrm{C}_s^s(-1)^s\end{aligned}$$

① $\left[\frac{1}{n}\right]$表示不大于$\frac{1}{n}$的最大整数.

$$=(1-1)^s=0$$ （证毕）

利用$\mu(n)$我们可以将欧拉(Euler)函数$\varphi(n)$表示为

$$\varphi(n)=\sum_{d\mid n}\mu(d)\frac{n}{d}$$

由定理1我们还可以得到如下的E. Meissel公式.

定理4.4　若$\alpha\geqslant 1$是任何实数,则

$$\sum_{n=1}^{[\alpha]}\mu(n)\left[\frac{\alpha}{n}\right]=1$$

证明　由定理4.3有

$$\sum_{a=1}^{[\alpha]}\sum_{d\mid a}\mu(d)=1$$

但又得

$$\sum_{a=1}^{[\alpha]}\sum_{d\mid a}\mu(d)=\sum_{d=1}^{[\alpha]}\mu(d)\left[\frac{\alpha}{d}\right]$$

这是因为从1到$[\alpha]$,这$[\alpha]$个数都有作约数的机会,而且每个数α恰好是$\left[\frac{\alpha}{d}\right]$个数的约数. 因为不大于$\alpha$的$d$的倍数恰好有$\left[\frac{\alpha}{d}\right]$个,所以

$$\sum_{d=1}^{[\alpha]}\mu(d)\left[\frac{\alpha}{d}\right]=1$$

即

$$\sum_{n=1}^{[\alpha]}\mu(n)\left[\frac{\alpha}{n}\right]=1$$

§4.7 麦比乌斯函数的积性

自变量 n 在某个整数集合中取值,因变量 y 取复数值的函数 $y=f(n)$ 称为数论函数. 数论函数是数论的一个重要研究课题,是研究各种数论问题不可缺少的工具.

4.7.1 定义在集合 D 上的数论函数 $f(n)$ 称为积性函数,如果满足

$$f(mn)=f(m)f(n),(m,n)=1,m,n\in D$$

称为是完全积性函数,如果满足

$$f(mn)=f(m)f(n),m,n\in D$$

我们现在直接从定义来证明麦比乌斯函数是积性函数.

定理 4.5 麦比乌斯函数 $\mu(n)$ 是积性函数.

证明 假设 m 和 n 是互素的正整数. 为了证明 $\mu(n)$ 是积性函数,即证 $\mu(mn)=\mu(m)\mu(n)$. 首先考虑 $m=1$ 或者 $n=1$ 的情形. 若 $m=1$,则 $\mu(mn)$ 和 $\mu(m)\mu(n)$ 都等于 $\mu(n)$. 当 $n=1$ 时同样证明.

现在假设 m 和 n 中至少有一个是被素数平方整除,那么 mn 也是被素数平方整除,则 $\mu(mn)$ 和 $\mu(m)\mu(n)$ 均是0. 最后考虑 m 和 n 都不含大于1的素数平方因子,不妨假设 $m=p_1p_2\cdots p_s$,其中 $p_1,p_2,\cdots,p_s$ 是不同的素数;$n=q_1q_2\cdots q_t$,其中 $q_1,q_2,\cdots,q_t$ 是不同的素数. 因为 m 和 n 互素,没有素数同时出现在 m 和 n 的素数分解中,则 mn 是 $s+t$ 个不同素数之积,故

$$\mu(mn)=(-1)^{s+t}=(-1)^s(-1)^t=\mu(m)\mu(n)$$

对于麦比乌斯变换来说有如下结论.

定理4.6　设$f(n)$是给定的数论函数,$F(n)$是它的麦比乌斯变换,那么:

1. $F(1) = f(1)$,当$n > 1$时

$$F(n) = \sum_{e_1=0}^{a_1} \cdots \sum_{e_r=0}^{a_r} f(p_1^{e_1} \cdots p_r^{e_r})$$

2. $f(n)$是积性函数时,则$F(n)$也是积性函数,且当$n > 1$时

$$\begin{aligned} F(n) &= \prod_{j=1}^{r} (1 + f(p_j) + \cdots + f(p_j^{a_j})) \\ &= \prod_{p^a \| n} (1 + f(p) + \cdots + f(p^a)) \end{aligned}$$

$f(n)$是完全积性函数时

$$\begin{aligned} F(n) &= \prod_{j=1}^{r} (1 + f(p_j) + \cdots + f^{a_j}(p_j)) \\ &= \prod_{p^a \| n} (1 + f(p) + \cdots + f^{a}(p)) \end{aligned}$$

定理4.6的证明可参见由潘承洞、潘承彪所著的《初等数论》(北京大学出版社,1992),其中2的两个有用的特殊情形如下.

设$f(n)$是积性函数,我们有

$$\sum_{d|n} \mu(d) f(d) = \prod_{p|n} (1 - f(p))$$

及

$$\sum_{d|n} \mu^2(d) f(d) = \prod_{p|n} (1 + f(p))$$

定理4.6给出的结论是当$f(n)$是积性函数时,它的麦比乌斯变换$F(n)$也一定是积性的,那么,反过来是否也成立呢?回答是肯定的,我们有如下定理.

定理4.7　设$f(n)$是$F(n)$的麦比乌斯逆变换,那么,若$F(n)$是积性函数,则$f(n)$也是积性函数.

证明可参见由潘承洞、潘承彪所著的《初等数论》(北京大学出版社,1992).

由定理4.7可得$f(p^{\alpha}) = F(p^{\alpha}) - F(p^{\alpha-1})$,这个式子在解题中非常有用.

例1 求$F(n) = n^{t}$的麦比乌斯逆变换$f(n)$.

解 n^{t}是积性的,则

$$f(p^{\alpha}) = p^{\alpha t} - p^{(\alpha-1)t} = p^{\alpha t}(1 - p^{-t})$$

因此有

$$f(n) = n^{t}\prod_{p|n}(1 - p^{-t})$$

例2 求$F(n) = \Phi(n)$的麦比乌斯变换.

解 $\Phi(n)$是积性的,则

$$f(p^{\alpha}) = \Phi(p^{\alpha}) - \Phi(p^{\alpha-1}) = \begin{cases} p(1 - \frac{2}{p}), \alpha = 1 \\ p^{\alpha}(1 - \frac{1}{p})^{2}, \alpha \geqslant 2 \end{cases}$$

因此有

$$f(n) = n\prod_{p\|n}(1 - \frac{2}{p})\prod_{p^{2}|n}(1 - \frac{1}{p})^{2}$$

例3 设$p(x)$是整系数多项式,以$S(n;p(x))$表示满足以下条件的整数d的个数

$$(p(d),n) = 1, 1 \leqslant d \leqslant n$$

证明:$S(n) = S(n;p(x))$是n的积性函数.

证明 可知

$$S(n) = \sum_{\substack{d=1 \\ (p(d),n)=1}}^{n} 1 = \sum_{d=1}^{n}\sum_{k|(p(d),n)}\mu(k) = \sum_{k|n}\mu(k)\sum_{\substack{d=1 \\ k|p(d)}}^{n} 1$$

以$T(k) = T(k;p(x))$表示同余方程$p(x) \equiv 0 \pmod{k}$的解数.

当 $k \mid n$ 时,有

$$\sum_{\substack{d=1 \\ k \mid p(d)}}^{n} 1 = \frac{n}{k} T(k)$$

$$S(n) = n \sum_{k \mid n} \frac{\mu(k) T(k)}{k}$$

由于 $T(k)$ 是 k 的积性函数,所以$\frac{\mu(k)T(k)}{k}$也是积性的,故由定理2知$\frac{S(n)}{n}$即$S(n)$也是积性的. 若取$p(x) = x$,$S(n)$就是$\Phi(n)$,证毕.

积性函数在数学竞赛中多有出现.

例4(1985年匈牙利数学竞赛试题) 证明:每一个正整数的所有形如 $4k+1$ 型的因子个数,不少于 $4k-1$ 型的因子个数.

证明 对每一个正整数 n,用 $f(n)$ 和 $g(n)$ 分别记 n 的形如 $4k+1$ 型和 $4k-1$ 型因子的个数,则 $f(n)$ 和 $g(n)$ 是定义在自然数集 $\mathbf{N}$ 上的函数,并令 $D(n) = f(n) - g(n)$. 题目要求证明 $D(n) \geqslant 0$.

若 $(n_1, n_2) = 1$,则结合 n_1 与 n_2 的奇因数,我们有

$$f(n_1 n_2) = f(n_1)f(n_2) + g(n_1)g(n_2)$$
$$g(n_1 n_2) = g(n_1)f(n_2) + f(n_1)g(n_2)$$

所以

$$\begin{aligned} D(n_1 n_2) &= f(n_1 n_2) - g(n_1 n_2) \\ &= f(n_2)[f(n_1) - g(n_1)] + \\ &\quad g(n_2)[g(n_1) - f(n_1)] \\ &= f(n_2)D(n_1) - g(n_2)D(n_1) \\ &= D(n_1)D(n_2) \end{aligned}$$

显然有 $D(2) = 1$,可见 $D(x)$ 为积性函数.

而当 p 为一素数时

$$D(p)=\begin{cases}2, 当\ p=4k+1\\0, 当\ p=4k-1\end{cases}$$

故 $D(n_1)\geqslant 0$,从而 $D(n)\geqslant 0$.

§4.8　麦比乌斯反演定理

定理4.8　设 $F(a)$ 是一个数论函数. 若用 $G(a)$ 表示下列的数论函数

$$G(a)=\sum_{d\mid a}F(d)$$

则

$$F(a)=\sum_{d\mid a}\mu(d)G\left(\frac{a}{d}\right)$$

这个式子称为麦比乌斯的反演式,这个反演式的可能性是容易看出的. 由

$$G(1)=F(1)$$
$$G(2)=F(2)+F(1)$$
$$G(3)=F(3)+F(1)$$
$$\vdots$$

可得

$$F(1)=G(1)$$
$$F(2)=G(2)-G(1)$$
$$F(3)=G(3)-G(1)$$
$$\vdots$$

证明　若 $d>0, d\mid a$,则

$$G\left(\frac{a}{d}\right)=\sum_{b\mid \frac{a}{d}}F(b)$$

$$\mu(d)G\left(\frac{a}{d}\right)=\sum_{b\mid \frac{a}{d}}\mu(d)F(b)$$

所以

$$\begin{aligned}\sum_{d\mid a}\mu(d)G\left(\frac{a}{d}\right)&=\sum_{d\mid a}\sum_{b\mid \frac{a}{d}}\mu(d)F(b)\\&=\sum_{b\mid a}\sum_{d\mid \frac{a}{b}}\mu(d)F(b)\end{aligned}$$

（这是因为，既然对于一个固定的 d，有一些固定的 b，就是 $\frac{a}{d}$ 的全体约数，那么对于一个固定的 b，也恰好只有那些固定的 d，就是 $\frac{a}{b}$ 的全体约数）

$$=\sum_{b\mid a}F(b)\sum_{d\mid \frac{a}{b}}\mu(d)=F(a)$$

这是因为

$$\sum_{d\mid \frac{a}{b}}\mu(d)=\begin{cases}1,若\ b=a\\0,若\ b\mid a,b<a\end{cases}$$

1968 年 Berlekamp 在其著作中曾给出了一个类似前面提到的试题的解法，逐次解出 $g(n)$ 的过程，从中自然地引出了麦比乌斯函数．这种富于启发式的推理，当然还有包含 $\mu(n)$ 的其他的不同类型的反演公式存在．

§4.9　麦比乌斯反演公式的推广

麦比乌斯反演公式是一大类公式的总称，其实狭义的麦比乌斯反演公式也被称为是戴德金－刘维尔（Dedekind-Liouville）公式，即下面的定理．

定理 4.9　设 $f(n)$ 对所有的 $n=1,2,3,\cdots$ 有定义,并设

$$g(n)=\sum_{d\mid n}f(d)$$

$$f(n)=\sum_{d\mid n}\mu(d)g\left(\frac{n}{d}\right)$$

且反之亦真.

特别地,有 $n=\sum_{d\mid n}\Phi(d)$,$\Phi(n)=\sum_{d\mid n}\frac{n}{d}\mu(d)$.

麦比乌斯反演公式可以看成是下式的一个推论,即

$$\sum_{d\mid n}\mu(d)=\begin{cases}0,若\ n>1\\1,若\ n=1\end{cases}$$

这一式子也可写成如下形式

$$f(x)=\sum_{m=1}^{\infty}\mu(m)m^{-s}F(mx)$$

如

$$F(x)=\sum_{m=1}^{\infty}m^{-s}f(mx)$$

其中,$f(x)$ 对所有的 $x>0$ 有定义. 当 $x\to\infty$ 时,$|f(x)|=o(x^{s_0})$,且 $\mathrm{Re}\ s>s_0+2$.

另一个反演公式出现在哈代(Hardy)和莱特(Wright)的著作中,其中一个是另一个的推论

$$G(x)=\sum_{n=1}^{[x]}F\left(\frac{x}{n}\right)$$

$$F(x)=\sum_{n=1}^{[x]}\mu(n)G\left(\frac{x}{n}\right)$$

式中 x 是正的实变数,$[x]$ 表示不大于 x 的最大整数,如 $x<1$,则其值为0. 如对所有的 x 有 $F(x)=1$,则得

E. Meissel 公式

$$\sum_{m=1}^{n}\mu(m)\left[\frac{n}{m}\right]=1$$

麦比乌斯反演公式曾被许多数学家推广．可见1887年塞萨罗(Cesáro)，1889年贝克(H. F. Baker)，格根鲍尔(Leopold Gegenbauer，1849—1903，维也纳科学院院士，维也纳大学教授)，贝尔(E. T. Bell，1883—1960，美国数学史专家)等人的相关著作．μ与Φ之间的一个隐蔽的关系由拉德马切尔(Hans Adolph Rademacher，1892—1969)提出，他是德国人，后在美国宾夕法尼亚大学工作，著有《解析数论讲义》(1954)和《初等数论讲义》(1964)．他给出的关系是

$$\Phi(m)\sum_{\substack{d\mid m\\(d,n)=1}}\frac{d}{\varphi(d)}\mu\left(\frac{m}{d}\right)=\mu(m)\sum_{d\mid(m,n)}d\mu\left(\frac{m}{d}\right)$$

这一结论后被 R. Brauer 在1926年所证明．

§4.10　麦比乌斯变换的多种形式

麦比乌斯变换有多种表现形式，下面列出若干种，它们可以直接验证，也可以利用$\sum\limits_{d\mid n}\mu(d)=\left[\frac{1}{n}\right]$来导出．

1. 设$x\geqslant 1$，k是给定的正整数，再设$1\leqslant n\leqslant x$，$n\mid k$．证明：$F(n)=\sum\limits_{\substack{d\mid k\\n\mid d\leqslant x}}f(d)$成立的充要条件是$f(n)=\sum\limits_{\substack{d\mid k\\n\mid d\leqslant x}}\mu\left(\frac{d}{n}\right)F(d)$．

2. 设实数 $0 < x_0 \leqslant x_1$, $\alpha(x)$, $\beta(x)$ 是定义在区间 $[x_0, x_1]$ 上的实变数 x 的函数. 证明: $\beta(x) = \sum_{1 \leqslant d \leqslant \frac{x_1}{x}} \alpha(dx)$ 成立的充要条件是 $\alpha(x) = \sum_{1 \leqslant d \leqslant \frac{x_1}{x}} \mu(d)\beta(dx)$, 这里 d 是整变数.

3. 在 (2) 中假定 $x_1 \to +\infty$, 那么, $\beta(x) = \sum_{d=1}^{\infty} \alpha(dx)$ 成立的充要条件是 $\alpha(x) = \sum_{d=1}^{\infty} \mu(d)\beta(dx)$. 这里假定对给定的 $x \geqslant x_0$, 二重级数 $\sum_{d=1}^{\infty} \sum_{k=1}^{\infty} |\alpha(dkx)|$ 及 $\sum_{d=1}^{\infty} \sum_{k=1}^{\infty} |\beta(dkx)|$ 都收敛.

4. 设 $\alpha(x)$, $\beta(x)$ 是定义在 $x \geqslant 1$ 上的函数. 证明: $\beta(x) = \sum_{1 \leqslant d \leqslant x} \alpha\left(\frac{x}{d}\right)$ 成立的充要条件是 $\alpha(x) = \sum_{1 \leqslant d \leqslant x} \mu(d)\beta\left(\frac{x}{d}\right)$, 这里 d 是整变数.

5. 设 $\alpha(x)$, $\beta(x)$ 是定义在 $x > 0$ 上的函数. 证明: $\beta(x) = \sum_{d=1}^{\infty} \alpha\left(\frac{x}{d}\right)$ 成立的充要条件是 $\alpha(x) = \sum_{d=1}^{\infty} \mu(d)\beta\left(\frac{x}{d}\right)$. 这里假定对给定的 $x > 0$, 二重级数

$$\sum_{d=1}^{\infty} \sum_{k=1}^{\infty} \left|\alpha\left(\frac{x}{dk}\right)\right| \text{及} \sum_{d=1}^{\infty} \sum_{k=1}^{\infty} \left|\beta\left(\frac{x}{dk}\right)\right|$$

都收敛.

6. 设 $\alpha(x,y)$, $\beta(x,y)$ 是定义在矩形区域 $0 < x_0 \leqslant x \leqslant x_1$, $0 < y_0 \leqslant y \leqslant y_1$ 上的实变数 x, y 的二元函数. 证明

$$\beta(x,y) = \sum_{1\leqslant d\leqslant\frac{x_1}{x}}\sum_{1\leqslant l\leqslant\frac{y_1}{y}}\alpha(dx,ly)$$

成立的充要条件是

$$\alpha(x,y) = \sum_{1\leqslant d\leqslant\frac{x_1}{x}}\sum_{1\leqslant l\leqslant\frac{y_1}{y}}\mu(d)\mu(l)\beta(dx,ly)$$

应用举例

第5章

§5.1 麦比乌斯函数与分圆多项式

满足 $z^n=1$ 的复数 z 称为 n 次单位根. 我们知道,共有 n 个不同的 n 次单位根:$1,\theta,\theta^2,\cdots,\theta^{n-1}$, 其中 $\theta=e^{\frac{2\pi i}{n}}$. 这 n 个复数把平面上的单位圆周均分成了 n 份,我们用 μ_n 来记 n 次单位根的集合,将满足 $\theta^d=1$ 的最小正整数 d 称为 θ 的阶. 如果 $\xi\in\mu_n$ 且 ξ 的阶恰为 n,则称 ξ 是 n 次本原单位根. 由初等数论我们可知,共有 $\varphi(n)$ 个 n 次本原单位根,它们是 $\theta^i,1\leqslant i\leqslant n,(i,n)=1$. 以所有 n 次本原单位根为

根的多项式

$$\Phi_n(z)=\prod_{\substack{1\leqslant i\leqslant n\\(i,n)=1}}(z-\theta^i)$$

称为 n 级分圆多项式,它的次数是 $\varphi(n)$. 我们有下列定理.

定理 5.1　$z^n-1=\prod\limits_{d\mid n}\Phi_d(z)$.

证明　设某个 n 次本原单位根 θ^t 满足 $(t,n)=d$,令 $n=dn',t=dt'$,则

$$\theta^t=\mathrm{e}^{\frac{2\pi t\mathrm{i}}{n}}=\mathrm{e}^{\frac{2\pi t'\mathrm{i}}{n'}}$$

其中 $(n',t')=1$,从而 θ^t 是 $n'(n'=\frac{n}{d})$ 次本原单位根,因此

$$\begin{aligned}z^n-1&=\prod_{t=0}^{n-1}(z-\theta^t)\\&=\prod_{d\mid n}\prod_{\substack{t=0\\(t,n)=d}}^{n-1}(z-\theta^t)\\&=\prod_{d\mid n}\Phi_{\frac{n}{d}}(z)\\&=\prod_{d\mid n}\Phi_d(z)\end{aligned}\tag{5.1}$$

下面我们利用麦比乌斯反演公式从式(5.1)中反演出分圆多项式 $\Phi(z)$ 来.

对式(5.1)两边取对数,得

$$\ln(z^n-1)=\sum_{d\mid n}\ln\Phi_d(z)$$

对上式使用麦比乌斯反演公式,得

$$\ln\Phi_n(z)=\sum_{d\mid n}\mu\left(\frac{n}{d}\right)\ln(z^d-1)$$

$$= \sum_{d \mid n} \ln(z^d - 1)^{\mu\left(\frac{n}{d}\right)}$$

对上式两边取指数,得

$$\Phi_n(z) = \prod_{d \mid n} (z^d - 1)^{\mu\left(\frac{n}{d}\right)} \qquad (5.2)$$

下面举两个具体的例子计算一下.

例1　利用式(5.2)计算 $\Phi_6(z)$.

解　由式(5.2)可知

$$\begin{aligned}
\Phi_6(z) &= \prod_{d \mid 6} (z^d - 1)^{\mu\left(\frac{6}{d}\right)} \\
&= (z-1)^{\mu(6)}(z^2-1)^{\mu(3)}(z^3-1)^{\mu(2)}(z^6-1)^{\mu(1)} \\
&= (z-1)^{(-1)^2}(z^2-1)^{(-1)^1}(z^3-1)^{(-1)^1}(z^6-1)^1 \\
&= \frac{(z^6-1)(z-1)}{(z^2-1)(z^3-1)} \\
&= \frac{z^3+1}{z+1} = z^2 - z + 1
\end{aligned}$$

例2　利用式(5.2)计算 $\Phi_{12}(z)$.

解　由式(5.2)可知

$$\begin{aligned}
\Phi_{12}(z) &= \prod_{d \mid 12} (z^d - 1)^{\mu\left(\frac{12}{d}\right)} \\
&= (z-1)^{\mu(12)}(z^2-1)^{\mu(6)}(z^3-1)^{\mu(4)} \cdot \\
&\quad (z^4-1)^{\mu(3)}(z^6-1)^{\mu(2)}(z^{12}-1)^{\mu(1)} \\
&= (z-1)^0(z^2-1)^{(-1)^2}(z^3-1)^0 \cdot \\
&\quad (z^4-1)^{(-1)^1}(z^6-1)^{(-1)^1}(z^{12}-1)^1 \\
&= \frac{(z^{12}-1)(z^2-1)}{(z^6-1)(z^4-1)} \\
&= z^4 - z^2 + 1
\end{aligned}$$

通过定理我们还可以得到一个 $\mu(d)$ 和 $\varphi(n)$ 间的关系式

$$\varphi(n)=\sum_{d|n}d\mu\left(\frac{n}{d}\right)=\sum_{d|n}\mu(d)\frac{n}{d}$$

即

$$\sum_{d|n}\frac{\mu(d)}{d}=\frac{\varphi(n)}{n} \tag{5.3}$$

关于分圆多项式的一个重要的事实是方程 $\Phi_n(x)=0$ 总能用根式解出，即这个解总能用有限个根式和有理运算得到.

对于一般的多项式方程肯定不总是这样，作为这个性质的一个例子，我们注意这个事实

$$\cos\frac{2\pi}{17}=\frac{1}{16}\left[-1+\sqrt{17}+\sqrt{2(17-\sqrt{17})}+2\sqrt{17+3\sqrt{17}-\sqrt{2(17-\sqrt{17})}-2\sqrt{2(17+\sqrt{17})}}\right]$$

这个证明是相当困难的.

§5.2　麦比乌斯变换与概率

由匈牙利数学家爱尔多斯(Erdös)开创的数论中的概率方法在许多数论问题上大显身手. 本节结合麦比乌斯变换做一点介绍.

5.2.1　若有一正整数组，其中不大于 x 的个数 $N(x)$ 适合于 $\lim\limits_{x\to\infty}\frac{N(x)}{x}=\alpha$，则此组之数出现的概率称之为 α.

例如，奇数出现的概率是 $\frac{1}{2}$，平方数出现的概率是 0.

5.2.2　一个正整数如不能被素数的平方所整

除,则称为无平方因子数.

定理 5.2 无平方因子数出现的概率为$\frac{6}{\pi^2}$.

为此,我们只需证 $Q(x)=\frac{6}{\pi^2}x+O(\sqrt{x})$,其中 $Q(x)$ 是不超过 x 的无平方因子数的个数.

证明 将不大于x的正整数依其最大平方因子q^2分类,不大于 x 而有 q^2 为最大平方因子的正整数之个数为

$$Q\left(\frac{x}{q^2}\right)$$

故可知

$$[x]=\sum_{q=1}^{[x]}Q\left(\frac{x}{q^2}\right)$$

令 $x=y^2$,则

$$\begin{aligned}[y^2] &= \sum_{1\leqslant k\leqslant y}\mu(k)\left[\frac{y^2}{k^2}\right]\\ &= y^2\sum_{1\leqslant k\leqslant y}\frac{\mu(k)}{k^2}+\sum_{1\leqslant k\leqslant y}o(y)\\ &= \frac{6}{\pi^2}y^2+y^2O\left(\sum_{k>y}\frac{1}{k^2}\right)+o(y)\\ &= \frac{6}{\pi^2}y^2+o(y)\end{aligned}$$

此即所欲证.

定理 5.2 也可以改述为如下定理.

定理 5.3 若 $x\geqslant 1$,则

$$\sum_{n\leqslant x}|\mu(n)|=\frac{6}{\pi^2}x+o(\sqrt{x})$$

定理 5.4　互素整数对出现的概率是$\frac{6}{\pi^2}$.

我们将其转化一下：

适合于$1 \leqslant x \leqslant y \leqslant n$的整数对$x,y$的对数等于$\frac{1}{2}n(n+1)$，其中$(x,y)=1$的整数对的数目记之为$\Phi(n)$，我们证$\lim_{n\to\infty}\frac{\Phi(n)}{\frac{1}{2}n(n+1)}=\frac{6}{\pi^2}$即可．

实际上我们可以证明更加精密的定理．

定理 5.5　$\Phi(n)=\frac{3n^2}{\pi^2}+O(n\lg n)$.

证明　可知

$$
\begin{aligned}
\Phi(n) &= \sum_{m=1}^{n} m\sum_{d\mid m}\frac{\mu(d)}{d} \\
&= \sum_{dd'\leqslant n} d'\mu(d) \\
&= \sum_{d=1}^{n}\mu(d)\sum_{d'=1}^{[\frac{n}{d}]} d' \\
&= \frac{1}{2}\sum_{d=1}^{n}\mu(d)\left(\left[\frac{n}{d}\right]^2+\left[\frac{n}{d}\right]\right) \\
&= \frac{1}{2}\sum_{d=1}^{n}\mu(d)\left(\frac{n^2}{d^2}+O\left(\frac{n}{d}\right)\right) \\
&= \frac{1}{2}n^2\sum_{d=1}^{n}\frac{\mu(d)}{d^2}+O(n\sum_{d=1}^{n}\frac{1}{d}) \\
&= \frac{1}{2}n^2\sum_{d=1}^{\infty}\frac{\mu(d)}{d^2}+O(n^2\sum_{d=1}^{\infty}\frac{1}{d^2})+O(n\lg n) \\
&= \frac{3n^2}{\pi^2}+O(n)+O(n\lg n)
\end{aligned}
$$

$$= \frac{3n^2}{\pi^2} + O(n\lg n)$$

Good 与 Churchhouse 注意到一个“巧合”，先列出两列数值对比一下，第一列是麦比乌斯函数的定义：

$\mu(n) = 1$，若 n 有偶数个不同的素因子；

$\mu(n) = -1$，若 n 有奇数个不同的素因子；

$\mu(n) = 0$，若 n 有一个重复的素因子.

“视觉”的证据表明 $\mu(n)$ 的行为极无规律，人们可以不太困难地证明（第二列数据）：

$\mu(n) = 1$ 的概率等于$\frac{3}{\pi^2}$；

$\mu(n) = -1$ 的概率等于$\frac{3}{\pi^2}$；

$\mu(n) = 0$ 的概率等于 $-\frac{6}{\pi^2}$.

概率中的强大数定律告诉我们，若 μ_n 是一个随机变量，以上所列出的概率被选 N 次，则

$$\sum_{n=1}^{N} \mu_n < CN^{\frac{1}{2}+\varepsilon}$$

以概率为 1 地成立．但人们一直认为黎曼（Riemann）假设与不等式

$$\sum_{n=1}^{N} \mu_n \leqslant CN^{\frac{1}{2}+\varepsilon}$$

是等价的．因此，如果我们能以某种方式将从上述的分布中对 μ 作 N 次随机选择与最初的 N 个值 $\mu(1),\cdots,\mu(N)$ 等同起来，那么就可以证明黎曼猜想．为了从数值上检验这种等同是否有效，Good 与 Churchhouse 对于 $n \leqslant 33\,000\,000$ 计算了 $\mu(n)$，使得 $\mu(n) = 0$ 的 n 的数目

是 12 938 407,可是$33\ 000\ 000(1-\frac{6}{\pi^2})=12\ 938\ 405.6$.

这里,我们有8位数字的精确性,简直不可思议!

1971年,Gandhi给出p_n的一个公式.为了解释这个公式,我们需要麦比乌斯函数,它定义为

$$\begin{cases}\mu(1)=1\\ \mu(n)=(-1)^r,\text{若 } n \text{ 是 } r \text{ 个不同素数的乘积}\\ \mu(n)=0,\text{若某个素数的平方除尽 } n\end{cases}$$

令$P_{n-1}=p_1p_2\cdots p_{n-1}$,Gandhi证明了

$$p_n=\left[1-\frac{1}{\lg 2}\lg\left(-\frac{1}{2}+\sum_{d\mid P_{n-1}}\frac{\mu(d)}{2^d-1}\right)\right]$$

或者等价地说,p_n是满足

$$1<2^{p_n}\left(-\frac{1}{2}+\sum_{d\mid P_{n-1}}\frac{\mu(d)}{2^d-1}\right)<2$$

的唯一整数.

下面的证明是Vanden Eynden于1972年给出的.

证明如下:为简化记号,令$Q=P_{n-1}$,$p_n=p$,而

$$S=\sum_{d\mid Q}\frac{\mu(d)}{2^d-1}$$

于是

$$\begin{aligned}(2^Q-1)S&=\sum_{d\mid Q}\mu(d)\frac{2^Q-1}{2^d-1}\\&=\sum_{d\mid Q}\mu(d)(1+2^d+2^{2d}+\cdots+2^{Q-d})\end{aligned}$$

如果$0\leqslant t<Q$,则$\mu(d)2^t$这项出现在求和之中当且仅当d除尽$\gcd(t,Q)$.从而在后一个和号中2^t的系数为$\sum_{d\mid \gcd(t,Q)}\mu(d)$.当$t=0$时,它为$\sum_{d\mid Q}\mu(d)$.

但是对每个整数$m\geqslant 1$,熟知(也容易证明)

$$\sum_{d|m}\mu(d)=\begin{cases}1, m=1\\0, m>1\end{cases}$$

以“$\sum\limits_{0<t<Q}{}'$”表示对满足条件 $0<t<Q$ 和 $\gcd(t,Q)=1$ 的 t 求和，则 $(2^Q-1)S=\sum\limits_{0<t<Q}{}'2^t$. 求和式中最大的 t 的值为 $t=Q-1$. 因此

$$\begin{aligned}2(2^Q-1)\left(-\frac{1}{2}+S\right)&=-(2^Q-1)+\sum_{0<t<Q}{}'2^{t+1}\\&=1+\sum_{0<t<Q-1}{}'2^{t+1}\end{aligned}$$

如果 $2\leqslant j<p_n=p$，存在某个素数 q，使得 $q<p_n=p$（从而 $q\mid Q$），并且 $q\mid Q-j$. 于是上面和式中每个 t 都满足 $0<t\leqslant Q-p$. 所以容易给出下面一些不等式

$$\frac{2^{Q-p+1}}{2\times 2^Q}<-\frac{1}{2}+S=\frac{1+\sum\limits_{0<t\leqslant Q-p}{}'2^{t+1}}{2(2^Q-1)}<\frac{2^{Q-p+2}}{2\times 2^Q}$$

乘以 2^p 之后，给出

$$1<2^p\left(-\frac{1}{2}+S\right)<2$$

Golomb 于 1974 年给出了另一个证明，这个证明是富有启发性的. 他的证明是在 1 的二进制展开上作埃拉托塞尼（Eratosthenes）筛法.

将每个正整数 n 赋予一个概率（或叫作权）$W(n)=2^{-n}$. 显然 $\sum\limits_{n=1}^{\infty}W(n)=1$. 对于这个分布，是某个固定整数 $d(d\geqslant 1)$ 的倍数的随机整数，有概率

$$M(d)=\sum_{n=1}^{\infty}W(nd)=\sum_{n=1}^{\infty}2^{-nd}=\frac{1}{2^d-1}$$

而与一个固定整数 $m\geqslant 1$ 互素的随机整数，其概

率容易计算为

$$R(m) = 1 - \sum_{p|m} M(p) + \sum_{pp'|m} M(pp') - \sum_{pp'p''|m} M(pp'p'') + \cdots = \sum_{d|m} \mu(d) M(p) = \sum_{d|m} \frac{\mu(d)}{2^d - 1}$$

令 $Q = p_1 p_2 \cdots p_{n-1}$，则

$$R(Q) = \sum_{d|Q} \frac{\mu(d)}{2^d - 1}$$

但是另一方面，对于这个分布，可直接给出

$$R(Q) = \sum_{\gcd(m,Q)=1} W(m) = \frac{1}{2} + \frac{1}{2^{p_n}} + \frac{1}{2^{p_{n+1}}} + \alpha$$

α 是 2 的某些更高方幂的倒数和. 因此

$$R(Q) - \frac{1}{2} = \sum_{d|Q} \frac{\mu(d)}{2^d - 1} - \frac{1}{2} = \frac{1}{2^{p_n}} + \frac{1}{2^{p_{n+1}}} + \alpha$$

所以

$$2^{p_n}\left(\sum_{d|Q} \frac{\mu(d)}{2^d - 1} - \frac{1}{2}\right) = 1 + \theta_n$$

其中 $0 < \theta_n < 1$. 从而 p_n 是满足

$$1 < 2^m\left(\sum_{d|Q} \frac{\mu(d)}{2^d - 1} - \frac{1}{2}\right) < 2$$

的唯一整数 m. 这就给出 Gandhi 公式的又一个证明. 由 $p_{n+1} \geqslant p_n + 2$，可知 $0 < \theta_n < \frac{1}{2}$.

用二进制记号，这些会变得更加透彻. 由于 $W(n) = 0.000\cdots1$（在小数点后第 n 位为数字 1），所以 $\sum_{n=1}^{\infty} W(n) = 0.111\cdots = 1$.

对于偶整数情形

$$\sum_{n=1}^{\infty} W(2n) = 0.010\,101\cdots = \frac{1}{2^2 - 1} = \frac{1}{3}$$

相减则给出 $P_1 = p_1 = 2$ 的公式

$$R(P_1) = \sum_{2|n} W(n) = 0.101\,010\cdots = 1 - \frac{1}{3}$$

再减去 3 的倍数,然后把减了两次的 6 的倍数加回来一次,得到

$$Q(3) = 0.001\,001\,001\cdots = \frac{1}{2^3 - 1} = \frac{1}{7}$$

$$Q(6) = 0.000\,001\,000\,001\cdots = \frac{1}{2^6 - 1} = \frac{1}{63}$$

从而对于 $P_2 = p_1 p_2 = 6$,有

$$\begin{aligned} R(P_2) &= R(P_1) - Q(3) + Q(6) \\ &= 0.100\,010\,100\,010\,100\,0\cdots \\ &= 1 - \frac{1}{3} - \frac{1}{7} + \frac{1}{63} \end{aligned}$$

继续下去,便得出

$$\begin{aligned} R(P_{n-1}) &= 0.100\cdots0100\cdots0100\cdots \\ &= \frac{1}{2} + \frac{1}{2^{p_n}} + \frac{1}{2^{p_{n+1}}} + \alpha \end{aligned}$$

$$R(P_{n-1}) - \frac{1}{2} = 0.000\cdots010\cdots$$

其中小数点后第一个 1 出现在位置 p_n 处.

§5.3 麦比乌斯函数与序列密码学

密码学是数学的一门应用学科. 人们运用密码技术的历史可以追溯到几千年前,而密码学真正成为一门科学则是在 1949 年申农(Shannon) 发表了“保密通

信的信息理论”一文之后，但在1949 ~ 1975年间，密码学的理论研究进展不大．1976年 Diffie 和 Hellman 发表了“密码学的新方向”一文，提出了一种崭新的密码体制，冲破了长期以来一直沿用的单钥体制，导致了密码学发展史上的一场革命，产生了新的双钥（公钥）体制，使得收发双方无需事先交换密钥就可建立保密通信．而1977年美国国家标准局（NBS）正式公布实施美国数据加密标准（DES），公开 DES 算法，并广泛用于商用数据加密，从而揭开了密码学的神秘面纱，大大激发了人们对密码学的研究兴趣．

密码按加密形式分为流密码和分组密码．流密码又称序列密码，它是将明文消息字符串逐位地加密成密文字符．下面以二元加法流密码为例，设

$$m_0, m_1, \cdots, m_k, \cdots \text{ 是明文字符}$$

$$z_0, z_1, \cdots, z_k, \cdots \text{ 是密钥流}$$

则

$$c_k = m_k \oplus z_k \text{ 是加密变换}$$

$$c_0, c_1, \cdots, c_k, \cdots \text{ 是密文字符序列}$$

序列密码体制的安全强度取决于密钥流（或滚动密钥），因此，产生好的密钥流序列便是序列密码的一个关键问题．密钥流序列由密钥流生成器产生，常见的密钥流生成器有前馈序列产生器，非线性组合序列产生器，非线性反馈移位寄存器，钟控序列生成器等，其中在非线性移位寄存器中麦比乌斯函数有着重要的应用．由于反馈移位寄存器所产生的一些二元序列有许多重要的应用，所以它的研究很受重视．例如，在连续波雷达中可用作测距信号，在遥控系统中可用作遥

控信号,在多址通信中可用作地址信号,在数字通信中可用作群同步信号. 此外,还可用作噪声源,以及在保密通信中起加密作用.

§5.4　麦比乌斯函数与数的几何

数的几何起源于数论,是一门有着百余年历史的数学学科. 闵可夫斯基(Minkowski) 在1896年富有成效的研究表明,数论中的丢番图逼近及其他数论分支中许多重要结果都可以通过简单的几何论证得到. 闵可夫斯基的一个颇具创见的命题是数的几何理论的起点,它可以视为抽屉原理在可测集上的一个显而易见的推广.

先给出数的几何的几个基本概念.

5.4.1　给定 d 维欧氏空间 $\mathbf{R}^d$ 中的 d 个线性无关的向量(点)$\boldsymbol{u}_1,\boldsymbol{u}_2,\cdots,\boldsymbol{u}_d$,这些向量生成的格 $\boldsymbol{\Lambda}$ 定义为

$$\boldsymbol{\Lambda}(\boldsymbol{u}_1,\cdots,\boldsymbol{u}_d)=\{m_1\boldsymbol{u}_1+\cdots+m_d\boldsymbol{u}_d \mid m_1,\cdots,m_d\in\mathbf{Z}\}$$

其中 $\mathbf{Z}$ 是整数集.

称集$\{\boldsymbol{u}_1,\cdots,\boldsymbol{u}_d\}$ 为 $\boldsymbol{\Lambda}$ 的基,由形如 $m_1\boldsymbol{u}_1+\cdots+m_d\boldsymbol{u}_d$(对每个 $i,m_i\in\{0,1\}$) 的 2^d 个顶点导出的平行体 p 称为 $\boldsymbol{\Lambda}$ 的基本平行体或胞腔,显然

$$\mathrm{Vol}\ p=|\det(\boldsymbol{u}_1,\cdots,\boldsymbol{u}_d)|$$

当然,同一个格可以有许多不同的生成方式,即 $\boldsymbol{\Lambda}$ 有许多不同的基,因而 $\boldsymbol{\Lambda}$ 有许多不同的基本平行体,但所有这些基本平行体的体积相等.

5.4.2　设 $\det\boldsymbol{\Lambda}$ 为 $\boldsymbol{\Lambda}$ 的任一基本平行体的体积.

若$\det \Lambda = 1$,则称Λ为单位格.

1896年闵可夫斯基给出了一个重要结果.

定理5.6　设$C \subseteq \mathbf{R}^d$是关于原点对称的凸体,Λ是单位格,如果$\mathrm{Vol}\, C > 2^d$,那么C至少含一个不同于0的格点.

事实上,Blichfeldt于1921年,Van der Corput于1936年证明了更一般的结论.

定理5.7　设k是自然数,$S \subseteq \mathbf{R}^d$是满足$\mathrm{Vol}\, S > k$的约当(Jordan)可测集,且Λ是一单位格,则存在$s_0, s_1, \cdots, s_k \in S$,使得对所有的$0 \leqslant i \leqslant j \leqslant k$,有$s_i - s_j \in \Lambda$.

我们再来介绍下面的定义.

5.4.3　设C为$\mathbf{R}^d$中的紧集,如果C的内部含有原点O,且当$x \in C$时,对任意的$0 \leqslant \lambda \leqslant 1$,均有$\lambda x \in C$,则称$C$为一星形体.

如果格

$$\Lambda = \Lambda(\boldsymbol{u}_1, \cdots, \boldsymbol{u}_d) = \{m_1\boldsymbol{u}_1 + \cdots + m_d\boldsymbol{u}_d \mid m_1, \cdots, m_d \in \mathbf{Z}\}$$

除0外不含C的内点,则称格Λ对于C是容许的.

C的临界行列式$\Delta(C)$定义为

$$\Delta(C) = \inf\{\det \Lambda \mid \Lambda \text{ 对于 } C \text{ 是容许的}\}$$

有了以上记号,闵可夫斯基基本定理要重新表达为:

对于任意中心对称的凸体$C \subseteq \mathbf{R}^d$,有

$$\frac{\Delta(C)}{\mathrm{Vol}\, C} \geqslant \frac{1}{2^d}$$

令人感到意外的是,事实表明,逆问题解决起来要

困难得多:给定凸体(或星形体)C,试问$\frac{\Delta(C)}{\mathrm{Vol}\ C}$到底能有多大?换言之,即给定凸体(或星形体)$C$,欲表示对于$C$容许且其行列式尽可能小的格. 对于$C=B^d$这一情形,闵可夫斯基在1905年确立了下述不等式

$$\frac{\Delta(C)}{\mathrm{Vol}\ C}\leqslant\frac{1}{2\zeta(d)}=\frac{1}{2\left(1+\frac{1}{2^d}+\frac{1}{3^d}+\cdots\right)}$$

其中ζ表示黎曼(泽塔)函数.

达文波特(Harold Davenport,1907—1969)是英国著名数论专家,剑桥大学教授,罗杰斯(Leonard James Rogers)是英国皇家学会会员. 他们在1947年得到下面的定理.

定理5.8 设$f:\mathbf{R}^d\to\mathbf{R}$为在某有界区域外取值为0的连续函数,对任意的$\gamma\in\mathbf{R}$,令

$$V(\gamma)=\int_{-\infty}^{+\infty}\cdots\int_{-\infty}^{+\infty}f(x_1,\cdots,x_{d-1},\gamma)\,\mathrm{d}x_1\cdots\mathrm{d}x_{d-1}$$

另外,设$\boldsymbol{\Lambda}'$为超平面$x_d=0$中的整数格,$\delta>0$为一固定的数,给定任一形如$\boldsymbol{y}=(y_1,\cdots,y_{d-1},\delta)$的向量$\boldsymbol{y}\in\mathbf{R}^d$,设$\boldsymbol{\Lambda}_y$表示$\mathbf{R}^d$中由$\boldsymbol{\Lambda}'$与$\boldsymbol{y}$生成的格,则

$$\int_0^1\cdots\int_0^1\Big(\sum_{\substack{x\in\boldsymbol{\Lambda}_y\\ x_d\neq 0}}f(x)\Big)\mathrm{d}y_1\cdots\mathrm{d}y_{d-1}=\sum_{i\in\mathbf{Z}-\{0\}}V(i\,\delta)$$

利用定理3用随机的方法可以证明一个在1944年由Hlawka提出的定理.

定理5.9 设$g:\mathbf{R}^d\to\mathbf{R}$为在某有界区域外取值为0的黎曼可积函数,$\varepsilon>0$,则存在$\mathbf{R}^d$中的单位格$\boldsymbol{\Lambda}$(即$\det\boldsymbol{\Lambda}=1$)使得

$$\sum_{0\neq x\in\boldsymbol{\Lambda}}g(x)<\int_{\mathbf{R}^d}g(x)\,\mathrm{d}x+\varepsilon$$

由这两个定理就可利用麦比乌斯反演公式推得 d 维体临界行列式的非平凡上界，被称为 Minkowski-Hlawka 定理.

Minkowski-Hlawka 定理 设 $C \subseteq \mathbf{R}^d$ 为星形体，则有：

1. $\dfrac{\Delta(C)}{\mathrm{Vol}\ C} \leqslant 1$；

2. 如果 C 是中心对称的，则 $\dfrac{\Delta(C)}{\mathrm{Vol}\ C} \leqslant \dfrac{1}{2\zeta(d)}$，其中 $\zeta(d) = 1 + \dfrac{1}{2^d} + \dfrac{1}{3^d} + \cdots$ 为黎曼(泽塔)函数.

证明 欲证1成立，只需证明由 $\mathrm{Vol}\ C > 1$ 可推得 $\Delta(C) \leqslant 1$.

设 $g(x)$ 为 C 的指示函数，即

$$g(x) = \begin{cases} 1, x \in C \\ 0, x \notin C \end{cases}$$

现选取充分小的 $\varepsilon > 0$，使得

$$\int_{\mathbf{R}^d} g(x)\mathrm{d}x + \varepsilon = \mathrm{Vol}\ C + \varepsilon < 1$$

则由定理5.9知，存在单位格 $\boldsymbol{\Lambda}$ 满足 $\sum\limits_{0 \neq x \in \boldsymbol{\Lambda}} g(x) < 1$，即 C 不含0以外的其他格点，从而 $\Delta(C) \leqslant 1$，(1) 得证.

欲证 2，只需证明由 $\mathrm{Vol}\ C < 2\zeta(d)$ 可推得 $\Delta(C) \leqslant 1$. 如前，设 $g(x)$ 为 C 的指示函数，令

$$f(x) = \sum_{i=1}^{\infty} \mu(i) g(ix)$$

其中，μ 表示麦比乌斯函数. 称格 $\boldsymbol{\Lambda}$ 中的点 $x \neq 0$ 为原始的，若联结0与 x 的开线段不含 $\boldsymbol{\Lambda}$ 的其他格点，此时

$$\sum_{0\neq x\in\Lambda} f(x) = \sum_{\substack{0\neq x\in\Lambda\\ x\text{是原始的}}} \sum_{j=1}^{\infty} f(jx)$$

$$= \sum_{\substack{0\neq x\in\Lambda\\ x\text{是原始的}}} \sum_{j=1}^{\infty} \sum_{i=1}^{\infty} \mu(i) g(ijx)$$

$$= \sum_{\substack{0\neq x\in\Lambda\\ x\text{是原始的}}} \sum_{k=1}^{\infty} g(kx) \sum_{i\mid k} \mu(i)$$

$$= \sum_{\substack{0\neq x\in\Lambda\\ x\text{是原始的}}} g(x)$$

另一方面,有

$$\int_{\mathbf{R}^d} f(x)\,\mathrm{d}x = \sum_{i=1}^{\infty} \mu(i) \int_{\mathbf{R}^d} g(ix)\,\mathrm{d}x$$

$$= \sum_{i=1}^{\infty} \mu(i)\, \frac{\mathrm{Vol}\ C}{i^d}$$

$$= \frac{\mathrm{Vol}\ C}{\zeta(d)} < 2$$

此时,对函数$f(x)$应用定理5.9,即知存在单位格Λ满足$\sum\limits_{0\neq x\in\Lambda} f(x) < 2$,从而可得

$$\sum_{0\neq x\in\Lambda} f(x) = \sum_{\substack{0\neq x\in\Lambda\\ x\text{是原始的}}} g(x) = 0$$

又因为C关于0是星形的,所以$C\cap(\Lambda - \{0\}) = \varnothing$,$\Delta(C)\leqslant 1$,(2)得证. 不难推广到无界星形体:

1′. 对任意约当可测集$C\subseteq\mathbf{R}^d$,有$\Delta(C)\leqslant \mathrm{Vol}\ C$;

2′. 对任意体积有限的无界星形体C,有

$$\Delta(C)\leqslant \frac{\mathrm{Vol}\ C}{2\zeta(d)}$$

§5.5 麦比乌斯函数与数论函数的计算和估计[①]

数论函数的计算和估计是数论中的核心问题之一.

同麦比乌斯函数 $\mu(n)$ 和 $\left\{\frac{N}{n}\right\}$($\frac{N}{n}$ 的小数部分)有关的数论函数的估计和计算是在筛函数的主项与余项的估计中遇到的重要而又困难的问题. 贾荣庆曾在1985年第2期《科学通报》中对 $\sum\limits_{n<x}\frac{\mu(n)}{n}$ 给出了一个估计结果,内蒙古大学的包那又进一步讨论了与 $\mu(n)$ 和 $\left\{\frac{N}{n}\right\}$有关的一类数论函数的估计和计算问题.

设 $P_1, P_2, \cdots, P_s$ 为前 s 个素数, N 为正整数, $D_s = \bigcap\limits_{i=1}^{s} P_i$, $E_{D_s} = \{1 = \alpha_1, \alpha_2, \cdots, \alpha_{\varphi(D_s)} = D_s - 1\}$ 为 D_s 的一缩系. 又

$$E_s = \{n = P_1^{\alpha_1}P_2^{\alpha_2}\cdots P_s^{\alpha_s} \mid \alpha_i = 0 \text{ 或 } 1, i = 1, 2, \cdots, s; \omega(n) \geqslant 1\}$$

令

$$f(N, P_1, \cdots, P_s) = \sum_{n\in E_s}\mu(n)\left\{\frac{N}{n}\right\} \qquad (5.4)$$

包那用不同于一般的方法研究了 $f(N, P_1, \cdots, P_n)$ 的计算和估计问题,得到下列定理.

定理5.10 我们有

---

① 本节摘编自包那著《点筛法》,内蒙古大学出版社,1995:79-90.

$$f(N,P_1,\cdots,P_s) = N\bigcap_{k=1}^{s}\left(1-\frac{1}{P_k}\right)-\sum_{m=1}^{N-1}\sum_{\substack{n\in E_s\\ n\mid(m+1)}}\mu(n)-N \tag{5.5}$$

定理5.11　1. 当$D_s \mid N$时，$\sum_{m=1}^{N-1}\sum_{\substack{n\in E_s\\ n\mid(m+1)}}\mu(n) = N\bigcap_{k=1}^{s}\left(1-\frac{1}{P_k}\right)-N.$

2. 当$D_s < N, D_s \mid N$时

$$f(N,P_1,\cdots,P_s) = \left\{\frac{N}{D_s}\right\}\varphi(D_s)-1-N\left(\left\{2,3,\cdots,N-\left[\frac{N}{D_s}\right]D_s\right\}\cap E_{D_s}\right)$$

这里φ为欧拉函数，$N(E)$表示集合E中的数的个数.

3. 当$D_s > N$时

$$f(N,P_1,\cdots,P_s) = N\bigcap_{k=1}^{s}\left(1-\frac{1}{P_k}\right)-N(\{2,3,\cdots,N\}\cap E_{D_s})-1$$

从定理5.10,5.11可以推出下列推论.

推论1　每一使$D_s > N$而又不大于$\pi(N^{\frac{1}{2}})$的s，有

$$f(N,P_1,\cdots,P_s) \leqslant N\bigcap_{k=1}^{s}\left(1-\frac{1}{P_k}\right)-\pi(N)+s-1$$

推论2　当$\pi(N^{\frac{1}{2}}) \leqslant s \leqslant \pi(N)$时，有

$$f(N,P_1,\cdots,P_s) = N\bigcap_{k=1}^{s}\left(1-\frac{1}{P_k}\right)-\pi(N)+s-1$$

推论3　(1) 当$\pi(N^{\frac{1}{2}}) \leqslant s \leqslant \pi\left(\frac{N}{e^c\lg N}\right)$时，$f(N,$

$P_1,\cdots,P_s)$ 对 s 单调下降,并且

$$f(N,P_1,\cdots,P_{\pi(N^{\frac{1}{2}})}) = \left(\frac{2}{e^c}-1\right)\frac{N}{\lg N}+O\left(\frac{N}{\lg^2 N}\right)$$

$$f(N,P_1,\cdots,P_{\pi(\frac{N}{e^c \lg N})}) = \left(\frac{1}{e^c}-1\right)\frac{N}{\lg N}+\frac{e^{-c}N(c+\lg\lg N)}{\lg^2 N}+O\left(\frac{N}{\lg^2 N}\right)$$

(2) 当 $\pi\left(\frac{N}{\lg N}\right)\leqslant s\leqslant\pi(N)$ 时,$f(N,P_1,\cdots,P_s)$ 对 s 单调上升,并且

$$f(N,P_1,\cdots,P_{\pi(\frac{N}{\lg N})}) = \left(\frac{1}{e^c}-1\right)\frac{N}{\lg N}+\frac{e^{-c}N\lg\lg N}{\lg^2 N}+O\left(\frac{N}{\lg^2 N}\right)$$

$$f(N,P_1,\cdots,P_{\pi(N)}) = \frac{e^{-c}N}{\lg N}+O\left(\frac{N}{\lg^2 N}\right)$$

(3) 当 $s>\pi(N)$ 时,$f(N,P_1,\cdots,P_s)$ 对 s 单调下降,并且

$$f(N,P_1,\cdots,P_s) = N\bigcap_{k=1}^{s}\left(1-\frac{1}{P_k}\right)-1$$

上面各式子中的 c 均为欧拉常数,N 为充分大的正整数.

定理 5.10 的证明　对每一正整数 m 及任意的 $n\in E_s$,有

$$\left\{\frac{m+1}{n}\right\}=\begin{cases}\left\{\frac{m}{n}\right\}+\frac{1}{n}, & \text{当 } n\nmid(m+1)\text{ 时}\\ \left\{\frac{m}{n}\right\}+\frac{1}{n}-1, & \text{当 } n\mid(m+1)\text{ 时}\end{cases}$$

因此

$$
\begin{aligned}
f(m+1,P_1,\cdots,P_s) &= \sum_{n\in E_s}\mu(n)\left\{\frac{m+1}{n}\right\}\\
&= \sum_{\substack{n\in E_s\\ n\nmid(m+1)}}\mu(n)\left\{\frac{m+1}{n}\right\}+\sum_{\substack{n\in E_s\\ n\mid(m+1)}}\mu(n)\left\{\frac{m+1}{n}\right\}\\
&= \sum_{\substack{n\in E_s\\ n\nmid(m+1)}}\mu(n)\left(\left\{\frac{m}{n}\right\}+\frac{1}{n}\right)+\\
&\quad \sum_{\substack{n\in E_s\\ n\mid(m+1)}}\mu(n)\left(\left\{\frac{m}{n}\right\}+\frac{1}{n}-1\right)\\
&= \sum_{n\in E_s}\mu(n)\left(\left\{\frac{m}{n}\right\}+\frac{1}{n}\right)-\sum_{\substack{n\in E_s\\ n\mid(m+1)}}\mu(n)\\
&= f(m,P_1,\cdots,P_s)+\sum_{n\in E_s}\frac{\mu(n)}{n}-\sum_{\substack{n\in E_s\\ n\mid(m+1)}}\mu(n)\\
&= f(m,P_1,\cdots,P_s)+f(1,P_1,\cdots,P_s)-\\
&\quad \sum_{\substack{n\in E_s\\ n\mid(m+1)}}\mu(n) \qquad (5.6)
\end{aligned}
$$

对式(5.6)，m 从 1 到 $N-1$ 相加得

$$
\begin{aligned}
\sum_{m=1}^{N-1}f(m+1,P_1,\cdots,P_s) = &\sum_{m=1}^{N-1}f(m,P_1,\cdots,P_s)+\\
&(N-1)f(1,P_1,\cdots,P_s)-\\
&\sum_{m=1}^{N-1}\sum_{\substack{n\in E_s\\ n\mid(m+1)}}\mu(n)
\end{aligned}
$$

注意到 $f(1,P_1,\cdots,P_s)=\sum_{n\in E_s}\mu(n)\ \frac{1}{n}=\prod_{k=1}^{s}\left(1-\frac{1}{P_k}\right)-1$，整理得

$$
f(N,P_1,\cdots,P_s)=N\prod_{k=1}^{s}\left(1-\frac{1}{P_k}\right)-N-\sum_{m=1}^{N-1}\sum_{\substack{n\in E_s\\ n\mid(m+1)}}\mu(n)
$$

故定理5.10得证.

定理5.11的证明　先证1. 当$D_s = P_1,\cdots,P_s \mid N$时,对任意的$n \in E_s$,都有$\left\{\frac{N}{n}\right\} = 0$,故$f(N,P_1,\cdots,P_s) = 0$. 由定理5.10,有

$$\sum_{m=1}^{N-1} \sum_{\substack{n \in E_s \\ n \mid (m+1)}} \mu(n) = N \prod_{k=1}^{s} \left(1 - \frac{1}{P_k}\right) - N \quad (5.7)$$

再证2. 当$D_s < N, D_s \nmid N$时,对任意的$n \in E_s$,由于$n \mid D_s$,因此

$$\left\{\frac{N}{n}\right\} = \left\{\frac{\left[\frac{N}{D_s}\right]D_s}{n} + \frac{N - \left[\frac{N}{D_s}\right]D_s}{n}\right\} = \left\{\frac{N - \left[\frac{N}{D_s}\right]D_s}{n}\right\}$$

由定理5.10,有

$$\begin{aligned} f(N,P_1,\cdots,P_s) &= \sum_{n \in E_s} \mu(n) \left\{\frac{N}{n}\right\} \\ &= \sum_{n \in E_s} \mu(n) \left\{\frac{N - \left[\frac{N}{D_s}\right]D_s}{n}\right\} \\ &= f\left(N - \left[\frac{N}{D_s}\right]D_s, P_1,\cdots,P_s\right) \\ &= \left(N - \left[\frac{N}{D_s}\right]D_s\right) \prod_{k=1}^{s} \left(1 - \frac{1}{P_k}\right) - \\ &\quad \left(N - \left[\frac{N}{D_s}\right]D_s\right) - \sum_{m=1}^{N-\left[\frac{N}{D_s}\right]D_s - 1} \sum_{\substack{n \in E_s \\ n \mid (m+1)}} \mu(n) \\ &= \left\{\frac{N}{D_s}\right\}(\varphi(D_s) - D_s) - \sum_{m=1}^{N-\left[\frac{N}{D_s}\right]D_s - 1} \sum_{\substack{n \in E_s \\ n \mid (m+1)}} \mu(n) \end{aligned} \quad (5.8)$$

现在来考虑上式的最后一项．当 m 取 1 到 $N-\left[\frac{N}{D_s}\right]D_s-1$ 时，$m+1$ 取 2 到 $N-\left[\frac{N}{D_s}\right]D_s$.

（1）若 $m+1$ 和 D_s 的最大公因子 $(m+1,D_s)=q_1\cdots q_l>1$（这里 $\{q_1,\cdots,q_l\}\subseteq\{P_1,P_2,\cdots,P_s\}$）时，那么 $m+1$ 的 $q_1,q_2,\cdots,q_l,q_1q_2,\cdots,q_{l-1}q_l,\cdots,q_1\cdots q_l$ 等 2^l-1 个因子都属于 E_s，而且能整除 $m+1$ 的集合 E_s 中的数 n 也就是这些数，共有 2^l-1 个，因此

$$\sum_{\substack{n\in E_s\\ n\mid(m+1)}}\mu(n)=\mu(q_1)+\cdots+\mu(q_l)+\mu(q_1q_2)+\cdots+\mu(q_{l-1}q_l)+\cdots+\mu(q_1\cdots q_l)$$
$$=(1-1)^l-1=-1 \tag{5.9}$$

（2）若 $(m+1,D_s)=1$ 时，$m+1$ 不被 E_s 中的任何 n 所整除，而这种 $m+1$ 在式(5.8)中不出现．这种 $m+1$ 既与 D_s 互素，又在从 2 到 $N-\left[\frac{N}{D_s}\right]D_s$ 之间，因此这些数是交集 $\left\{2,3,\cdots,N-\left[\frac{N}{D_s}\right]D_s\right\}\cap E_{D_s}$ 中的数，其个数是 $N\left(\left\{2,3,\cdots,N-\left[\frac{N}{D_s}\right]D_s\right\}\cap E_{D_s}\right)$．因此，属于第一类的数 $m+1$ 在 $\{2,3,\cdots,N-\left[\frac{N}{D_s}\right]D_s\}$ 中共有

$$N-\left[\frac{N}{D_s}\right]D_s-1-N\left(\left\{2,3,\cdots,N-\left[\frac{N}{D_s}\right]D_s\right\}\cap E_{D_s}\right) \tag{5.10}$$

由式(5.9)，(5.10)，得

$$\sum_{m=1}^{N-\left[\frac{N}{D_s}\right]-1}\sum_{\substack{n\in E_s\\ n\mid(m+1)}}\mu(n)=-\left(N-\left[\frac{N}{D_s}\right]D_s-1\right)+$$

$$N\left(\left\{2,3,\cdots,N-\left[\frac{N}{D_s}\right]D_s\right\}\cap E_{D_s}\right)$$

$$=-\left\{\frac{N}{D_s}\right\}D_s+1+$$

$$N\left(\left\{2,3,\cdots,N-\left[\frac{N}{D_s}\right]D_s\right\}\cap E_{D_s}\right) \tag{5.11}$$

把式(5.11)代入式(5.8)中并整理得

$$f(N,P_1,\cdots,P_s)=\left\{\frac{N}{D_s}\right\}(\varphi(D_s)-D_s)+\left\{\frac{N}{D_s}\right\}D_s-1-$$

$$N\left(\left\{2,3,\cdots,N-\left[\frac{N}{D_s}\right]D_s\right\}\cap E_{D_s}\right)$$

$$=\left\{\frac{N}{D_s}\right\}\varphi(D_s)-1-$$

$$N\left(\left\{2,3,\cdots,N-\left[\frac{N}{D_s}\right]D_s\right\}\cap E_{D_s}\right) \tag{5.12}$$

最后证明(3). 当 $D_s>N$ 时,同式(5.11)的证明一样可证得

$$\sum_{m=1}^{N-1}\sum_{\substack{n\in E_s\\ n|(m+1)}}\mu(n)=-(N-1)+N(\{2,3,\cdots,N\}\cap E_{D_s}) \tag{5.13}$$

把式(5.13)代入式(5.5)中得

$$f(N,P_1,\cdots,P_s)=N\bigcap_{k=1}^{s}\left(1-\frac{1}{P_k}\right)-$$

$$N(\{2,3,\cdots,N\}\cap E_{D_s})-1 \tag{5.14}$$

故定理5.11得证.

推论 1 的证明　对于使 $D_s > N$ 而又不大于 $\pi(\sqrt{N})$ 的 s 来讲，$\{P_{s+1}, P_{s+2}, \cdots, P_{\pi(N)}\} \subseteq \{2,3,\cdots, N\} \cap E_{D_s}$，因此

$$N(\{2,3,\cdots,N\} \cap E_{D_s}) \geqslant \pi(N) - s \quad (5.15)$$

把式(5.15)代入式(5.14)中，得

$$f(N,P_1,\cdots,P_s) \leqslant N \bigcap_{k=1}^{s}\left(1 - \frac{1}{P_k}\right) - \pi(N) + s - 1 \quad (5.16)$$

故推论 1 得证.

推论 2 的证明　当 $\pi(N^{\frac{1}{2}}) \leqslant s \leqslant \pi(N)$ 时，有

$$N(\{2,3,\cdots,N\} \cap E_{D_s}) = \pi(N) - s \quad (5.17)$$

把式(5.17)代入式(5.14)中，得

$$f(N,P_1,\cdots,P_s) = N \bigcap_{k=1}^{s}\left(1 - \frac{1}{P_k}\right) - \pi(N) + s - 1 \quad (5.18)$$

故推论 2 得证.

推论 3 的证明　先证(1). 当 $\pi(N^{\frac{1}{2}}) < s < \pi\left(\frac{N}{e^c \lg N}\right)$ 时，由式(5.18)得

$$\begin{aligned} & f(N,P_1,\cdots,P_s) - f(N,P_1,\cdots,P_{s+1}) \\ = & \frac{N}{P_{s+1}} \bigcap_{k=1}^{s}\left(1 - \frac{1}{P_k}\right) - 1 \end{aligned} \quad (5.19)$$

又由

$$\bigcap_{k=1}^{s}\left(1 - \frac{1}{P_k}\right) = \frac{e^{-c}}{\lg P_s} + O\left(\frac{1}{\lg^2 P_s}\right)，c \text{ 为欧拉常数} \quad (5.20)$$

并注意到 $P_s < P_{s+1} \leqslant \frac{e^{-c}N}{\lg N}$，有

$$\frac{N}{P_{s+1}}\prod_{k=1}^{s}\left(1-\frac{1}{P_k}\right)=\frac{\mathrm{e}^{-c}N}{P_{s+1}\lg P_s}+O\left(\frac{N}{P_{s+1}\lg^2 P_s}\right)\geqslant$$

$$\frac{\mathrm{e}^{-c}N}{\frac{N}{\mathrm{e}^c\lg N}\cdot\lg^2\left(\frac{N}{\mathrm{e}^c\lg N}\right)}+O\left(\frac{\mathrm{e}^{-c}N}{\frac{N}{\mathrm{e}^c\lg N}\cdot\lg^2\left(\frac{N}{\mathrm{e}^c\lg N}\right)}\right)=$$

$$\frac{1}{1-\frac{c+\lg\lg N}{\lg N}}+O\left(\frac{1}{\lg N\cdot\left(1-\frac{c+\lg\lg N}{\lg N}\right)^2}\right)=$$

$$1+\frac{c+\lg\lg N}{\lg N}+O\left(\frac{(c+\lg\lg N)^2}{\lg^2 N}\right)+O\left(\frac{1}{\lg N}\right)>$$

$$1\text{（对充分大的 }N\text{）}\tag{5.21}$$

于是由式(5.19),(5.21),得

$$f(N,P_1,\cdots,P_s)>f(N,P_1,\cdots,P_{s+1})$$

当 $s=\pi(N^{\frac{1}{2}})$ 时,由式(5.18),(5.20),得

$$\begin{aligned}f(N,P_1,\cdots,P_{\pi(N^{\frac{1}{2}})})&=N\prod_{k=1}^{\pi(N^{\frac{1}{2}})}\left(1-\frac{1}{P_k}\right)-\pi(N)+\\&\quad\pi(N^{\frac{1}{2}})-1\\&=\left(\frac{2}{\mathrm{e}^c}-1\right)\frac{N}{\lg N}+O\left(\frac{N}{\lg^2 N}\right)\end{aligned}\tag{5.22}$$

同理,当 $s=\pi\left(\frac{N}{\mathrm{e}^c\lg N}\right)$ 时,有

$$\begin{aligned}&f(N,P_1,\cdots,P_{\pi(\frac{N}{\mathrm{e}^c\lg N})})\\&=N\prod_{k=1}^{\pi(\frac{N}{\mathrm{e}^c\lg N})}\left(1-\frac{1}{P_k}\right)-\pi(N)+\pi\left(\frac{N}{\mathrm{e}^c\lg N}\right)-1\\&=\frac{\mathrm{e}^{-c}N}{\lg\left(\frac{N}{\mathrm{e}^c\lg N}\right)}+O\left(\frac{N}{\lg^2\left(\frac{N}{\mathrm{e}^c\lg N}\right)}-\frac{N}{\lg N}-O\left(\frac{N}{\lg^2 N}\right)\right)+\end{aligned}$$

$$\frac{\frac{N}{e^c \lg N}}{\lg\left(\frac{N}{e^c \lg N}\right)} + O\left(\frac{\frac{N}{e^c \lg N}}{\lg^2\left(\frac{N}{e^c \lg N}\right)}\right) - 1$$

$$= \frac{e^{-c}N}{\lg N \cdot \left(1 - \frac{c + \lg\lg N}{\lg N}\right)} - \frac{N}{\lg N} + O\left(\frac{N}{\lg^2 N}\right)$$

$$= \left(\frac{1}{e^c} - 1\right)\frac{N}{\lg N} + \frac{e^{-c}N(c + \lg\lg N)}{\lg^2 N} + O\left(\frac{N}{\lg^2 N}\right) \tag{5.23}$$

现在来证(2). 当 $\pi\left(\frac{N}{\lg N}\right) < s < \pi(N)$ 时,由式 5.18,5.20,并注意到 $s + 1 \leqslant \pi(N)$ 和$\frac{N}{\lg N} < P_s$,有

$$f(N,P_1,\cdots,P_s) - f(N,P_1,\cdots,P_{s+1})$$

$$= \frac{N}{P_{s+1}} \bigcap_{k=1}^{s} \left(1 - \frac{1}{P_k}\right) - 1$$

$$= \frac{N}{P_{s+1}} \frac{e^{-c}}{\lg P_s} + O\left(\frac{N}{P_{s+1}\lg^2 P_s}\right) - 1$$

$$\leqslant \frac{N}{P_s} \frac{e^{-c}}{\lg P_s} + O\left(\frac{N}{P_s \lg^2 P_s}\right) - 1$$

$$\leqslant \frac{e^{-c}N}{\frac{N}{\lg N} \cdot \lg\left(\frac{N}{\lg N}\right)} + O\left(\frac{N}{\frac{N}{\lg N} \cdot \lg^2\left(\frac{N}{\lg N}\right)}\right) - 1$$

$$= \frac{e^{-c}}{\left(1 - \frac{\lg\lg N}{\lg N}\right)} - 1 + O\left(\frac{1}{\lg N}\right)$$

$$= e^{-c} - 1 + O\left(\frac{\lg\lg N}{\lg N}\right) < 0 (\text{对充分大的 } N)$$

故有 $f(N,P_1,\cdots,P_s) < f(N,P_1,\cdots,P_{s+1})$.

当 $s=\pi\left(\frac{N}{\lg N}\right),\pi(N)$ 时，同式(5.22)，(5.23)一样计算得

$$f(N,P_1,\cdots,P_{\pi(\frac{N}{\lg N})})=\left(\frac{1}{e^c}-1\right)\frac{N}{\lg N}+\frac{e^{-c}N\lg\lg N}{\lg^2 N}+O\left(\frac{N}{\lg^2 N}\right) \tag{5.24}$$

$$f(N,P_1,\cdots,P_{\pi(N)})=\frac{e^{-c}N}{\lg N}+O\left(\frac{N}{\lg^2 N}\right) \tag{5.25}$$

再来证(3). 当 $s>\pi(N)$ 时，由定理1知

$$f(N,P_1,\cdots,P_s)=N\bigcap_{k=1}^{s}\left(1-\frac{1}{P_k}\right)-\sum_{m=1}^{N-1}\sum_{\substack{n\in E_s\\ n\mid(m+1)}}\mu(n)-N$$

而这时，对任意的 $m+1$，有 $2\leqslant m+1\leqslant N$，同式(5.9)一样证得

$$\sum_{\substack{n\in E_s\\ n\mid(m+1)}}\mu(n)=-1$$

因而

$$\sum_{\substack{n\in E_s\\ n\mid(m+1)}}\mu(n)=-(N-1) \tag{5.26}$$

把式(5.26)代入定理5.10中得

$$f(N,P_1,\cdots,P_s)=N\bigcap_{k=1}^{s}\left(1-\frac{1}{P_k}\right)-1 \tag{5.27}$$

当 $s>\pi(N)$ 时，从上式显然可看出，$f(N,P_1,\cdots,P_s)$ 是对 s 单调下降的. 故推论3得证.

§5.6　麦比乌斯函数与算术级数中的缩集[①]

包那进一步利用麦比乌斯函数研究了算术级数中的缩集问题.

设 r,q,N 为非负整数, $0 \leqslant r \leqslant q$, $q_1,q_2,\cdots,q_k$ 为素数,记 $P=\bigcap\limits_{i=1}^{k} q_i$, $(q,P)=1$. 在算术级数

$$E(r,q,N)=\{r+nq \mid n=0,1,2,\cdots,N\} \tag{5.28}$$

中与 $P=\bigcap\limits_{i=1}^{k} q_i$ 互素的正整数组成的集合

$$E(r,q,N,P)=\{r+mq \mid (r+mq)\in E(r,q,N),(r+mq,P)=1\} \tag{5.29}$$

称为 $P=\bigcap\limits_{i=1}^{k} q_i$ 在算术级数 $E(r,q,N)$ 中的缩集. $E(r,q,N,P)$ 中的数的个数记为 $\varphi(r,q,N,P)$. 包那研究了 $\varphi(r,q,N,P)$ 的性质.

定理 5.12　我们有

$$\varphi(r,q,N,P)=N\bigcap_{i=1}^{k}\left(1-\frac{1}{q_i}\right)+R(r,q,N,P) \tag{5.30}$$

这里

---

① 本节摘编自包那著《点筛法》,内蒙古大学出版社,1995:73-78.

$$R(r,q,N,P) = -\sum_{\substack{d\mid P\\ d>1}}\mu(d)\left(\left\{\frac{N-x(r,d)}{d}\right\}+\frac{x(r,d)}{d}\right) \tag{5.31}$$

$x(r,d)$ 为一次同余式 $qx+r\equiv 0(\bmod d)$ 的一个解，$0\leqslant x(r,d)<d$，$\mu(n)$ 为麦比乌斯函数．

证明　因为一次同余式

$$qx+r\equiv 0(\bmod m) \tag{5.32}$$

有解的充要条件是 $(q,m)\mid(-r)$．若式(5.32)有解，则式(5.32)的解 $(\bmod m)$ 的个数是 (q,m)．而且式(5.32)的一切解可表示为

$$x=x_0+\frac{m}{(q,m)}t, t=0,\pm 1,\pm 2,\cdots \tag{5.33}$$

其中 $0\leqslant x_0<m, qx_0+r\equiv 0(\bmod m)$．

对任一 $d\mid \bigcap_{i=1}^{k} q_i, d>1$，令式(5.32)中的 $m=d$．由于 $(q,\bigcap_{i=1}^{k} q_i)=1$，故 $(q,d)=1$．因此，一次同余式

$$qx+r\equiv 0(\bmod d) \tag{5.34}$$

有一解 $(\bmod d)x=x(r,d), 0\leqslant x(r,d)<d$．式(5.34)的一切解为

$$x=x(r,d)+dt, t=0,\pm 1,\pm 2,\cdots \tag{5.35}$$

现在把式(5.35)代入式(5.34)中得

$$q(x(r,d)+dt)+r\equiv 0(\bmod d), t=0,\pm 1,\pm 2,\cdots \tag{5.36}$$

也就是说数列 $q(x(r,d)+dt)+r, t=0,\pm 1,\pm 2,\cdots$ 中的一切数都被 d 整除．因此，一次同余式(5.34)在算术级数(1)中的解之个数等于集合 $\{r+nq\mid n=0,1,2,\cdots,N\}$ 与集合 $\{q(x(r,d)+dt)+r\mid t=0,\pm 1,\pm$

$2,\cdots\}$ 的交集中的数之个数,即 t 必须满足

$$0 \leqslant dt + x(r,d) \leqslant N \tag{5.37}$$

显然,满足式(5.37)的非负整数 t 的个数为 $1+\left[\frac{N-x(r,d)}{d}\right]$. 又因为

$$\sum_{d \mid \bigcap_{i=1}^{k} q_i} \mu(d) = \mu(1) + \sum_{\substack{d \mid \bigcap_{i=1}^{k} q_i \\ d>1}} \mu(d) = (1-1)^k = 0$$

因此

$$\sum_{\substack{d \mid \bigcap_{i=1}^{k} q_i \\ d>1}} \mu(d) = -1 \tag{5.38}$$

由逐步淘汰原则和式(5.38),在算术级数(1)中与 $P=\bigcap_{i=1}^{k} q_i$ 互素的整数之个数为

$$\begin{aligned}
\varphi(r,q,N,P) &= N+1+\sum_{\substack{d \mid P \\ d>1}} \mu(d)\left(1+\left[\frac{N-x(r,d)}{d}\right]\right) \\
&= N+1+\sum_{\substack{d \mid P \\ d>1}} \mu(d) + \\
&\quad \sum_{\substack{d \mid P \\ d>1}} \mu(d)\left(\frac{N-x(r,d)}{d}-\left\{\frac{N-x(r,d)}{d}\right\}\right) \\
&= N+\sum_{\substack{d \mid P \\ d>1}} \mu(d)\frac{N}{d} - \\
&\quad \sum_{\substack{d \mid P \\ d>1}} \mu(d)\left(\left\{\frac{N-x(r,d)}{d}\right\}+\frac{x(r,d)}{d}\right) \\
&= N\bigcap_{i=1}^{k}\left(1-\frac{1}{q_i}\right)+R(r,q,N,P)
\end{aligned} \tag{5.39}$$

故定理证毕.

推论 1　我们有

$$\varphi(0,1,N=\bigcap_{i=1}^{k}q_i^{\alpha_i},P=\bigcap_{i=1}^{k}q_i)=\varphi(N)$$

这里,$\varphi(N)$ 为欧拉函数,$\alpha_i \geqslant 1, i=1,2,\cdots,k$.

证明　当 $r=0$ 时,对任意的 $d \mid \bigcap_{i=1}^{k} q_i$,有

$$x(r,d)=0$$

因而,在上述定理中,由于 $P \mid N$,有

$$\frac{x(0,d)}{d}=0,\left\{\frac{N-x(0,d)}{d}\right\}=\left\{\frac{N}{d}\right\}=0$$

因此,$R(0,1,N=\bigcap_{i=1}^{k}q_i^{\alpha_i},P=\bigcap_{i=1}^{k}q_i)=0$,于是

$$\varphi(0,1,\bigcap_{i=1}^{k}q_i^{\alpha_i},\bigcap_{i=1}^{k}q_i)N\bigcap_{i=1}^{k}\left(1-\frac{1}{q_i}\right)=\varphi(N)$$

故推论1证毕.

从推论1可看出,算术级数中的缩集的概念是缩系这一概念的一种推广,而欧拉函数 $\varphi(N)$ 是数论函数 $\varphi(r,q,N,P)$ 的一个特例.

推论2　对 $1 \leqslant r \leqslant q-1$,有

$$\begin{aligned}&\varphi(r,q,N,P)-\varphi(0,q,N,P)\\=&R(r,q,N,P)-R(0,q,N,P)\\=&-\sum_{\substack{d \mid P\\ d>1\\ \left\{\frac{N}{d}\right\}<\frac{x(r,d)}{d}}}\mu(d)\end{aligned}$$

证明　对任意的 $d \mid \bigcap_{i=1}^{k} q_i, d>1$,由于 $0 \leqslant x(r,d)<d$,有

$$\frac{N}{d}-\frac{x(r,d)}{d}=\left[\frac{N}{d}\right]+\left\{\frac{N}{d}\right\}-\frac{x(r,d)}{d} \quad (5.40)$$

(1) 当 $\left\{\frac{N}{d}\right\} \geqslant \frac{x(r,d)}{d}$ 时,由式(5.40),有

$$\left\{\frac{N-x(r,d)}{d}\right\}=\left\{\frac{N}{d}\right\}-\frac{x(r,d)}{d}$$

即

$$\left\{\frac{N-x(r,d)}{d}\right\}+\frac{x(r,d)}{d}=\left\{\frac{N}{d}\right\} \quad (5.41)$$

（2）当$\left\{\frac{N}{d}\right\}<\frac{x(r,d)}{d}$时，由式(5.40)，有

$$\begin{aligned}\left\{\frac{N-x(r,d)}{d}\right\}&=\left\{\left[\frac{N}{d}\right]+\left\{\frac{N}{d}\right\}-\frac{x(r,d)}{d}\right\}\\&=\left\{\left(\left[\frac{N}{d}\right]-1\right)+1+\left\{\frac{N}{d}\right\}-\frac{x(r,d)}{d}\right\}\\&=1+\left\{\frac{N}{d}\right\}-\frac{x(r,d)}{d}\end{aligned}$$

即

$$\left\{\frac{N-x(r,d)}{d}\right\}+\frac{x(r,d)}{d}=1+\left\{\frac{N}{d}\right\} \quad (5.42)$$

另外，当$r=0$时，任意的$d\mid\bigcap_{i=1}^{k}q_i$，$x(0,d)=0$，有

$$\left\{\frac{N-x(0,d)}{d}\right\}+\frac{x(0,d)}{d}=\left\{\frac{N}{d}\right\} \quad (5.43)$$

因此，由定理和式(5.40)，(5.41)，(5.42)，(5.43)，有

$$\begin{aligned}&\varphi(r,q,N,P)-\varphi(0,q,N,P)\\&=\left(N\bigcap_{i=1}^{k}\left(1-\frac{1}{q_i}\right)+R(r,q,N,P)\right)-\\&\quad\left(N\bigcap_{i=1}^{k}\left(1-\frac{1}{q_i}\right)+R(0,q,N,P)\right)\\&=R(r,q,N,P)-R(0,q,N,P)\\&=-\sum_{\substack{d\mid P\\d>1}}\mu(d)\left(\left\{\frac{N-x(r,d)}{d}\right\}+\frac{x(r,d)}{d}\right)+\end{aligned}$$

$$\sum_{\substack{d|P\\ d>1}}\mu(d)\left(\left\{\frac{N-x(0,d)}{d}\right\}+\frac{x(0,d)}{d}\right)$$

$$=-\Bigg[\sum_{\substack{d|P\\ d>1\\ \left\{\frac{N}{d}\right\}\geqslant\frac{x(r,d)}{d}}}\mu(d)\left(\left\{\frac{N-x(r,d)}{d}\right\}+\frac{x(r,d)}{d}\right)+$$

$$\sum_{\substack{d|P\\ d>1\\ \left\{\frac{N}{d}\right\}<\frac{x(r,d)}{d}}}\mu(d)\left(\left\{\frac{N-x(r,d)}{d}\right\}+\frac{x(r,d)}{d}\right)\Bigg]+$$

$$\sum_{\substack{d|P\\ d>1}}\mu(d)\left\{\frac{N}{d}\right\}$$

$$=-\Bigg[\sum_{\substack{d|P\\ d>1\\ \left\{\frac{N}{d}\right\}\geqslant\frac{x(r,d)}{d}}}\mu(d)\left\{\frac{N}{d}\right\}+\sum_{\substack{d|P\\ d>1\\ \left\{\frac{N}{d}\right\}<\frac{x(r,d)}{d}}}\mu(d)\left(1+\left\{\frac{N}{d}\right\}\right)\Bigg]+$$

$$\sum_{\substack{d|P\\ d>1}}\mu(d)\left\{\frac{N}{d}\right\}$$

$$=-\sum_{\substack{d|P\\ d>1}}\mu(d)\left\{\frac{N}{d}\right\}-\sum_{\substack{d|P\\ d>1\\ \left\{\frac{N}{d}\right\}<\frac{x(r,d)}{d}}}\mu(d)+\sum_{\substack{d|P\\ d>1}}\mu(d)\left\{\frac{N}{d}\right\}$$

$$=-\sum_{\substack{d|P\\ d>1\\ \left\{\frac{N}{d}\right\}<\frac{x(r,d)}{d}}}\mu(d)$$

故推论2证毕.

练习与征解问题

第6章

§6.1 几个简单练习

下面我们给出麦比乌斯变换的几个简单练习,以帮助我们熟悉这一变换,练习题选自任承俊编著,柯召审定的《数论导引提要及习题解答》(四川科学技术出版社,1986).

练习1 若 $g(n)$ 及 $g_1(n)$ 各为 $f(n)$ 及 $f_1(n)$ 的麦比乌斯变换,试证明

$$\sum_{d\mid n} g(d)f_1\left(\frac{n}{d}\right) = \sum_{d\mid n} f(d)g_1\left(\frac{n}{d}\right)$$

证明　可知

$$\begin{aligned}\sum_{d\mid n} g(d)f_1\left(\frac{n}{d}\right) &= \sum_{d\mid n} f_1(d)g\left(\frac{n}{d}\right)\\ &= \sum_{d\mid n} f_1(d)\sum_{d_1\mid \frac{n}{d}} f(d_1)\\ &= \sum_{d\mid n}\sum_{d_1\mid \frac{n}{d}} f_1(d)f(d_1)\\ &= \sum_{d_1\mid n}\sum_{d\mid \frac{n}{d_1}} f_1(d)f(d_1)\\ &= \sum_{d_1\mid n} f(d_1)\sum_{d\mid \frac{n}{d_1}} f_1(d)\\ &= \sum_{d_1\mid n} f(d_1)g_1\left(\frac{n}{d_1}\right)\\ &= \sum_{d\mid n} f(d)g_1\left(\frac{n}{d}\right)\end{aligned}$$

练习2　求出 $g(n)g_1(n)$ 的麦比乌斯逆变换.

解　设 $F(n)=g(n)g_1(n)$ 的麦比乌斯逆变换为 $\varphi(n)$,则由定义得

$$\begin{aligned}\varphi(n) &= \sum_{d\mid n}\mu(d)F\left(\frac{n}{d}\right)\\ &= \sum_{d\mid n}\mu(d)g\left(\frac{n}{d}\right)g_1\left(\frac{n}{d}\right)\\ &= \sum_{d\mid n}\mu\left(\frac{n}{d}\right)g(d)g_1(d)\end{aligned}$$

练习3　试证 $f(n)$ 的麦比乌斯变换的麦比乌斯变换等于

$$\sum_{d_1\mid n} f(d_1)d\left(\frac{n}{d_1}\right)$$

证明　设 $f(n)$ 的麦比乌斯变换为 $g(n)$,$g(n)$ 的

麦比乌斯变换为 $G(n)$,那么

$$\begin{aligned}G(n) &= \sum_{d\mid n} g(d) = \sum_{d\mid n} g\left(\frac{n}{d}\right)\\ &= \sum_{d\mid n}\sum_{d_1\mid \frac{n}{d}} f(d_1)\\ &= \sum_{d_1\mid n}\sum_{d\mid \frac{n}{d_1}} f(d_1)\\ &= \sum_{d_1\mid n} f(d_1)\sum_{d\mid \frac{n}{d_1}} 1\\ &= \sum_{d_1\mid n} f(d_1)\, d\left(\frac{n}{d_1}\right)\end{aligned}$$

§6.2　一组例题

例 1　设 $\mu(n)$ 是麦比乌斯函数,证明:

1. $\sum_{d^2\mid n}\mu(d) = \mu^2(n)$;

2. 设 $n = p_1^{l_1}p_2^{l_2}\cdots p_r^{l_r}$,则 $\sum_{d\mid n} |\mu(d)| = 2^r$.

证明　1. 由 $\mu(n)$ 的定义可知

$$\mu^2(n) = \begin{cases}1, 当 n 等于 1 及不含有大于 1 的平方因数时\\ 0, 当 n 含有平方因数时\end{cases}$$

因此,当 n 等于 1 及不含有大于 1 的平方因数时,有

$$\sum_{d^2\mid n}\mu(d) = \mu(1) = 1$$

当 n 含有平方因数时,设 $n = n_0^2 m, n_0 > 1, m$ 不含有平方因数,这时当 $d^2 \mid n$ 时,必有 $d \mid n_0$,有

$$\sum_{d^2\mid n}\mu(d) = \sum_{d\mid n_0}\mu(d) = 0$$

2. 由$\mu(n)$的定义,易知有

$$\sum_{d\mid n}|\mu(d)|=\sum_{d\mid p_1p_2\cdots p_r}|\mu(d)| \tag{6.1}$$

为此,只需证明,当$r\geqslant 1$时,有

$$\sum_{d\mid p_1p_2\cdots p_r}|\mu(d)|=2^r \tag{6.2}$$

成立即可. 当$r=1$时,由于

$$\sum_{d\mid p}|\mu(d)|=|\mu(1)|+|\mu(p)|=1+|-1|=2$$

故式(6.2)成立. 设$k\geqslant 2$,且当$r=1,2,\cdots,k-1$时,式(6.1)成立,要证$r=k$时式(6.2)也成立. 由于p_1,$p_2,\cdots,p_k$是k个相异素数,所以$(p_1\cdots p_{k-1},p_k)=1$,且$p_1p_2\cdots p_{k-1}p_k$的正因数$d$是$p_1p_2\cdots p_{k-1}$的正因数$d_1$和$p_k$的正因数$d_2$的乘积,则

$$\begin{aligned}\sum_{d\mid p_1\cdots p_{k-1}p_k}|\mu(d)|&=\sum_{d_1\mid p_1\cdots p_{k-1}}\sum_{d_2\mid p_k}|\mu(d_1d_2)|\\&=\sum_{d_1\mid p_1\cdots p_{k-1}}|\mu(d_1)|\cdot\sum_{d_2\mid p_k}|\mu(d_2)|\\&=2\sum_{d_1\mid p_1\cdots p_{k-1}}|\mu(d_1)|\\&=2\times 2^{k-1}=2^k\end{aligned}$$

因此由数学归纳法,式(6.2)成立,所以由式(6.1)和式(6.2),就证明了结论.

例2 设函数$\lambda(n)$定义如下

$$\lambda(n)=\begin{cases}1,n=1\\1,n>1\text{ 且 }n\text{ 为偶数个素数之积}\\-1,n>1\text{ 且 }n\text{ 为奇数个素数之积}\end{cases}$$

$\lambda(n)$称为刘维尔函数. 如果函数$f(n)$定义如下

$$f(n)=\begin{cases}1,n\text{ 是平方数}\\0,n\text{ 不是平方数}\end{cases}$$

证明：$\lambda(n) = \sum_{d|n} \mu(d) f\left(\frac{n}{d}\right)$.

证法 1　根据 $f(n)$ 的定义可知：

当 l 是偶数时

$$f(p^l) = 1 = \lambda(1) + \lambda(p) + \lambda(p^2) + \cdots + \lambda(p^l)$$

当 l 是奇数时

$$f(p^l) = 0 = \lambda(1) + \lambda(p) + \lambda(p^2) + \cdots + \lambda(p^l)$$

因此，如设

$$F(n) = \sum_{d|n} \lambda(d)$$

则有 $F(1) = f(1)$，$F(p^l) = f(p^l)$.

由 $\lambda(n)$ 的定义可知，$\lambda(n)$ 是积性函数. 事实上，设 m,n 满足 $(m,n) = 1$，如果 m,n 均为偶数个（或均为奇数个）素数之乘积，故

$$\lambda(mn) = 1 = \lambda(m)\lambda(n)$$

如果 m,n 中有且只有一个是奇数个素数之乘积，那么 mn 也是奇数个素数之乘积，于是

$$\lambda(mn) = -1 = \lambda(m)\lambda(n)$$

这表示 $\lambda(n)$ 是积性函数，易证 $F(n)$ 也是积性函数，再由 $f(n)$ 的定义容易证明 $f(n)$ 也是积性函数. 因此，如设 $n = p_1^{l_1} p_2^{l_2} \cdots p_r^{l_r}$，就有

$$\begin{aligned} F(n) &= F(p_1^{l_1} p_2^{l_2} \cdots p_r^{l_r}) \\ &= F(p_1^{l_1}) F(p_2^{l_2}) \cdots F(p_r^{l_r}) \\ &= f(p_1^{l_1}) f(p_2^{l_2}) \cdots f(p_r^{l_r}) = f(n) \end{aligned}$$

因此便证明了

$$f(n) = \sum_{d|n} \lambda(d)$$

则

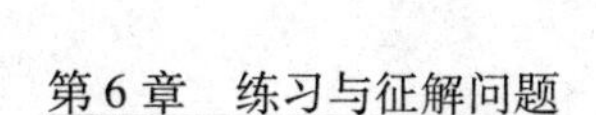

$$\lambda(n) = \sum_{d|n}\mu(d)f\left(\frac{n}{d}\right)$$

证法2　当$n=1$时,等式显然成立．由$\mu(d)$的定义,当d可被素数的平方整除时,$\mu(d)=0$. 因此,当$n>1$时,在$\sum\limits_{d|n}\mu(d)f\left(\frac{n}{d}\right)$中只要考虑$d$是$n$的相异素因数的乘积就可以了．

易知, 任何正整数均可表示为一个平方数与1或相异素数的乘积,故可设

$$n = a^2 p_1 p_2 \cdots p_r$$

其中$p_1,p_2,\cdots,p_r$是相异素数,a是正整数．当n的正因数d是相异素数的乘积时,仅当$d=p_1p_2\cdots p_r$时,$\frac{n}{d}$才是平方数,故当$r\geqslant 1$时,有

$$\sum_{d|n}\mu(d)f\left(\frac{n}{d}\right) = \mu(1)f(n) + \mu(p_1p_2\cdots p_r)f(a^2)$$

这时由于$r\geqslant 1$,n不是平方数,故$f(n)=0$,于是有

$$\sum_{d|n}\mu(d)f\left(\frac{n}{d}\right) = \mu(p_1p_2\cdots p_r)f(a^2) = (-1)^r$$

当$r=0$,即$n=a^2$时,这时$f(n)=1$,故

$$\sum_{d|n}\mu(d)f\left(\frac{d}{n}\right) = \mu(1)f(n) = 1$$

另一方面,由$\lambda(n)$的定义,当$r\geqslant 1$时,有$\lambda(n)=(-1)^r$;当$r=0$时,有$\lambda(n)=\lambda(a^2)=1$. 因此,有

$$\sum_{d|n}\mu(d)f\left(\frac{n}{d}\right) = \lambda(n)$$

§6.3　三个《美国数学月刊》征解问题

先来看一个《美国数学月刊》的征解问题(编号为 E1767).

问题 1　设 $\mu(n)$ 是麦比乌斯函数,$\varphi(n)$ 是欧拉函数. 证明:当且仅当 n 是偶数时

$$\sum_{d\mid n}\mu(d)\varphi(d)=0$$

证法 1　设 $F(n)=\sum_{d\mid n}\mu(d)\varphi(d)$,由于 $\mu(n)$ 和 $\varphi(n)$ 都是积性函数,因此 $F(n)$ 也是积性函数. 现在设 p^m 是一个素数的幂,那么

$$F(p^m)=1-(p-1)=2-p$$

因此在一般情况下,$F(n)=\prod_{p\mid n}(2-p)$,这就证明了结论.

证法 2　也可以不使用 $\mu(n)$ 和 $\varphi(n)$ 都是积性函数的结果.

除了 $d=1$ 和 $d=2$ 之外,对所有其他的 d,$\varphi(d)$ 都是偶数,这蕴涵当 $d>2$ 时,$\mu(d)\varphi(d)$ 都是偶数,而 $\mu(1)\varphi(1)=1$,$\mu(2)\varphi(2)=-1$. 因此 $\sum\mu(d)\varphi(d)$ 总是奇数,除了当 $d=1$ 和 $d=2$ 都包括时,也就是,除了当 n 是偶数时.

反过来,如果 d 是一个偶数 n 的奇因数,那么

$$\varphi(2d)=\varphi(d),\mu(2d)=-\mu(d),\mu(4d)=0$$

因而

$$\mu(2d)\varphi(2d)+\mu(d)\varphi(d)=0$$

那样,忽略 n 的是4的倍数的因数后(因为这些因数对合数没有任何贡献),和数中所有其他的项都可以被消去,因而总的和数为零.

引理6.1　设 f 是定义在集合 Ω 上的函数,其中 $\Omega=\{x_1,\cdots,x_n\}$. 规定 $(\Omega,\leqslant)$ 是 $\wedge$ 半格. 记 $\boldsymbol{F}=(f_{ij})$,其中 $f_{ij}=f(x_i\wedge x_j)$,$1\leqslant i,j\leqslant n$,则 $\det\boldsymbol{F}=\prod_{m=1}^{n}g(x_m)$,其中 $g(x_m)=\sum_{x_k\leqslant x_m}f(x_k)\mu(x_k,x_m)$,$1\leqslant m\leqslant n$.

证明　由麦比乌斯反演公式,Ω 上的函数 f 和 g 满足下列互反关系

$$g(x_m)=\sum_{x_k\leqslant x_m}f(x_k)\mu(x_k,x_m),1\leqslant m\leqslant n\Leftrightarrow$$

$$f(x_m)=\sum_{x_k\leqslant x_m}g(x_k),1\leqslant m\leqslant n$$

令 $\boldsymbol{G}=\mathrm{diag}\{g(x_1),g(x_2),\cdots,g(x_n)\}$,$\boldsymbol{Z}=(\xi_{ij})$,其中 $\xi_{ij}=\xi(x_i,x_j)$,$1\leqslant i,j\leqslant n$. 下面我们先证矩阵等式 $\boldsymbol{Z}'\boldsymbol{G}\boldsymbol{Z}=\boldsymbol{F}$ 成立.

事实上,$\boldsymbol{Z}'\boldsymbol{G}\boldsymbol{Z}$ 的 (i,j) 元可以这样确定

$$\begin{aligned}(\boldsymbol{Z}'\boldsymbol{G}\boldsymbol{Z})_{ij}&=\sum_{k=1}^{n}\sum_{l=1}^{n}\xi_{ki}g_{kl}\xi_{lj}\\&=\sum_{k=1}^{n}\xi_{ki}g_{kk}\xi_{kj}\\&=\sum_{x_k\leqslant x_i,x_j}g(x_k)\\&=\sum_{x_k\leqslant x_i\wedge x_j}g(x_k)\\&=f(x_i\wedge x_j)=f_{ij}\end{aligned}$$

因为 $\det\boldsymbol{Z}=1$,由此即得

$$\det \boldsymbol{F} = (\det \boldsymbol{Z})^2 \det \boldsymbol{G} = \prod_{m=1}^{n} g(x_m)$$

问题2　记(i,j)为自然数i和j的最大公约数,试证明

$$\det\begin{pmatrix}(1,1) & (1,2) & \cdots & (1,n)\\(2,1) & (2,2) & \cdots & (2,n)\\\vdots & \vdots & & \vdots\\(n,1) & (n,2) & \cdots & (n,n)\end{pmatrix}$$
$$= \varphi(1)\varphi(2)\varphi(3)\cdots\varphi(n)$$

证明　由上述引理,取定义在格$(I_n,1)$上的函数f为$f(i)=i,i\in I_n$,则$f_{ij}=f(i\wedge j)=(i,j)$,从而所求的行列式

$$\det((i,j))_{(i,j)=1}^{n} = \det(f_{ij})_{(i,j)=1}^{n} = \prod_{m=1}^{n} g(m)$$

其中

$$g(m) = \sum_{d|m} f(d)\mu(d,m) = \sum_{d|m}\mu\left(\frac{m}{d}\right)d$$

又知

$$\varphi(m) = \sum_{d|m}\mu\left(\frac{m}{d}\right)d$$

从而

$$g(m) = \varphi(m)$$

需要指出的是问题2早在1875年就由英国数学家斯密思(Henry John Stephen Smith,1826—1883,牛津大学教授,伦敦皇家学会会员)给出,可参见 On the Value of a Certain Arithmetical Determinant,Proc. London M. S. ,1875,7:208-212. 并于1878年被比利时数学家卡塔兰(Eugene Charles Catalan,1814—1894,

列日大学分析学教授，布鲁塞尔科学院院士）再次发现，可参见 Théorème de MM. Smith et Mansion Nouvelle Correspondence Mathématique，1878，4：103-112.

我们可将其推广至：$\det((i,j)^r)_1^n = \prod_{k=1}^{n} J_r(k)$，其中，$J_r(k) = k^r \prod_{p|k}\left(1-\frac{1}{p^r}\right)$称为约当函数，$p$ 为 r 的素因子．显然，$J_1(k) = \varphi(k)$，故 $J_r(k)$ 是欧拉 φ 函数的推广．

证明如下：以下按矩阵的行初等变换进行，对于 $1 \leqslant k \leqslant n-1$，定义：

步骤 k：第 k 行乘以 -1 后分别加到第 $2k,3k,\cdots,\left[\frac{n}{k}\right]k$ 行上，则经过 $n-1$ 步后，行列式将化为一个上三角形，其主对角线元依次为 $\varphi(1),\cdots,\varphi(n)$．为此，只需证明步骤 k 之后，第 k 列的元（自第 k 行以下）变为 $\varphi(k),0,\cdots,0$.

首先，步骤1使第1行以下的元(i,j)均变为$(i,j)-1$. 特别地，第1列其余元变为$(i,1)-1=0$. 进而易知，当 $i \geqslant k$ 时，第 i 行、第 k 列的元(i,k)变为如下的形式

$$
\begin{aligned}
g(i,k) &= (i,k) - 1 - \sum_{\substack{d|i \\ 1<d<i}} g(d,k) \\
&= (i,k) - 1 - \sum_{\substack{d|(i,k) \\ 1<d<i}} g(d,k)
\end{aligned}
$$

后一个等号是因为和式递归到最后当因子为素数 $p \nmid k$ 时，该项成为$(p,k)-1=0$，可从和式中去掉此因子．

(1) 当 $i=k$ 时，记 $g(d,k)=f(d)$（注意，当 $d \mid k$ 时，恒有$(d,k)=d$），有

$$f(k) = k - 1 - \sum_{\substack{d \mid k \\ 1 < d < k}} f(d)$$

设 $k = \prod p_i^{t_i}$ 为 k 的素因子分解,对指数和 $s(k) = \sum t_i$ 进行归纳以证明 $g(k,k) = f(k) = \varphi(k)$. 当 $s(k) = 1$,即 k 为素数时,显然 $f(k) = k - 1 = \varphi(k)$. 设 $s(k) < m$ 时,有 $f(k) = \varphi(k)$,则当 $s(k) = m$ 时,因 $d \mid k$ 且 $d \neq k$,有 $s(d) < m$. 由归纳假设 $f(d) = \varphi(d)$,于是,由 $k = \sum_{d \mid k} \varphi(d)$ 可得

$$\begin{aligned} f(k) &= k - 1 - \sum_{\substack{d \mid k \\ 1 < d < k}} f(d) \\ &= k - \varphi(1) - \sum_{\substack{d \mid k \\ 1 < d < k}} \varphi(d) = \varphi(k) \end{aligned}$$

(2) 当 $i > k$ 时,有

$$\begin{aligned} g(i,k) &= (i,k) - 1 - \sum_{\substack{d \mid k \\ 1 \leqslant d \leqslant k}} g(d,k) \\ &= (i,k) - 1 - \sum_{\substack{d \mid k \\ 1 \leqslant d < k}} f(d) - f((i,k)) \\ &= \varphi((i,k)) - \varphi((i,k)) = 0 \end{aligned}$$

问题 2 是《美国数学月刊》第 52 卷第 3 月号的问题 4101 号,原解答如下:

我们能够通过考虑

$$D_n = | f((i,j)) | \tag{6.3}$$

把这个问题一般化,其中 $f(x)$ 对 x 的所有正整数值有定义. 为了计算 $D(n)$,我们用方程

$$f(l) = \sum_{k \mid l} \psi(k) \tag{6.4}$$

来定义 $\psi(k)$. 又若 l 能除尽 k,则定义 $a_{kl} = 1$,否则 $a_{kl} =$

0. 那么我们有

$$\sum_{l} a_{rl}a_{sl}\psi(l) = \sum_{l\mid(r,s)}\psi(l) = f((r,s))$$

且可记$D(n)=|a_{rl}||a_{sl}\psi(l)|$,式中右边的行列式是$n$阶的. 由于$a_{rl}=0(r<l)$和$a_{ll}=1$,故有$|a_{rl}|=1$和$|a_{sl}\psi(l)|=\prod_{l=1}^{n}\psi(l)$,因此

$$D(n) = \prod_{l=1}^{n}\psi(l)$$

现在,由麦比乌斯反演公式来对式(2)进行反演就得到

$$\psi(l) = \sum_{k\mid l}\mu(k)f\left(\frac{l}{k}\right)$$

因此,有公式

$$D(n) = \prod_{l=1}^{n}\left\{\sum_{k\mid l}\mu(k)f\left(\frac{l}{k}\right)\right\} \tag{6.5}$$

对$f(x)=x^{\lambda}$,有

$$\psi(l) = \sum_{k\mid l}\mu(k)\left(\frac{l}{k}\right)^{\lambda} = l^{k}\sum_{k\mid l}\frac{\mu(k)}{k^{\lambda}} = l^{\lambda}\prod_{p\mid l}\left(1-\frac{1}{p^{\lambda}}\right)$$

因此有

$$\begin{aligned} D(n) &= \prod_{l=1}^{n} l^{\lambda}\prod_{p\mid l}\left(1-\frac{1}{p^{\lambda}}\right) \\ &= (n!)^{\lambda}\prod_{p\leqslant n}\prod_{\substack{1\leqslant l\leqslant n \\ p\mid l}}\left(1-\frac{1}{p^{\lambda}}\right) \\ &= (n!)^{\lambda}\prod_{p}\left(1-\frac{1}{p^{\lambda}}\right)^{\left[\frac{n}{p}\right]} \end{aligned}$$

这就是所要求的结果.

评注　在其他情况下，公式(6.5)能够用来求得式(6.3)的一些有趣的计算值．例如，如果 $f(x)=\delta(x)$ 是 x 的除数的和，那么容易看到有

$$\sum_{k|l}\mu(k)\delta\left(\frac{l}{k}\right)=l$$

因此有 $D(n)=n!$.

也可由反演过程来确定 $f(x)$，从而获得所要的 $D(n)$ 的值，从式(6.5)有

$$\sum_{k|l}\mu(k)f\left(\frac{l}{k}\right)=\frac{D(n)}{D(n-1)}$$

由麦比乌斯公式，反演上式得

$$f(n)=\sum_{k|n}\frac{D(k)}{D(k-1)}$$

作为一个例子，如果我们希望获得 $D(n)=a^n$，那么只要取 $f(n)=\sum_{k|n}a=ar(n)$，其中 $r(n)$ 是 n 的因数的个数．

下面这个问题是《美国数学月刊》第52卷第3月号中的一个征解问题(编号为4104).

问题3　假设关于非负整数 $x_1,x_2,\cdots,x_n$ 的两个 n 元对称函数 $M(x_1,x_2,\cdots,x_n)$ 和 $S(x_1,x_2,\cdots,x_n)$ 定义为：$M(x_1,x_2,\cdots,x_n)\equiv M'(x_1)\cdot M'(x_2)\cdots M'(x_n)$．在这个恒等式中，$M'(x)=1,-1,0$，对应于 $x=0,x=1,x>1$．若 $S_j(x_1,x_2,\cdots,x_n)$ 是关于 $x_1,x_2,\cdots,x_n$ 的 j 次初等对称函数，则

$$S(x_1,x_2,\cdots,x_n)\equiv 1+\sum_{j=1}^{n}jS_j(x_1,x_2,\cdots,x_n)$$

试证明 $\sum M(x_1-b_1,\cdots,x_n-b_n)S(b_1,\cdots,b_n)$ 等于集

合 $x_1,x_2,\cdots,x_n$ 中正整数的个数,如果 $x_1=x_2=\cdots=x_n=0$,则和等于1,和式中的 b_i 取所有使得 $0\leqslant b_i\leqslant x_i(i=1,2,\cdots,n)$ 的整数.

证明 设 $p_1,\cdots,p_n$ 是不同素数的集合,$N=p_1^{x_1}\cdots p_n^{x_n}$,由定义,$M(x_1,\cdots,x_n)=\mu(N)$. 对于 N 的任何除数 m,定义 $f(m)$ 为 m 的不同素数因子的个数($m\neq 1$),$f(1)=1$. 另外,如果 d 是 N 的一个因数,$d=p_1^{\alpha_1}\cdots p_n^{\alpha_n}$,定义 $g(d)=\sum\limits_{\frac{m}{d}}f(m)$,在这个和式中,集合所有这些恰好具有 j 个不同因子的 m,这样的 m 的个数显然是 $S_j(b_1,\cdots,b_n)$,再加1($m=1$ 时),故有

$$\begin{aligned} g(d) &= 1+\sum_{j=1}^{n} jS_j(b_1,\cdots,b_n) \\ &= S(b_1,\cdots,b_n) \end{aligned}$$

现在,由麦比乌斯反演公式

$$\begin{aligned} f(n) &= \sum_{d\mid n}\mu\left(\frac{n}{d}\right)g(d) \\ &= \sum M(x_1-b_1,\cdots,x_n-b_n)\cdot S(b_1,\cdots,b_n) \end{aligned}$$

因此,所求的和等于集合 $x_1,\cdots,x_n$ 中正整数的个数,或者当 $x_1=x_2=\cdots=x_n=0$ 时,则和等于1.

§6.4 两个稍难问题

问题1 设 α 是实数,定义 $\varphi_\alpha(n)=\sum\limits_{\substack{1\leqslant k\leqslant n\\(k,n)=1}}k^\alpha$.

1. 试证:$\sum\limits_{d\mid n}\dfrac{\varphi_\alpha(d)}{d^\alpha}=\dfrac{1}{n^\alpha}\sum\limits_{k=1}^{n}k^\alpha$;

2. 当 $n \geqslant 2$ 且 $n = p_1^{\alpha_1} \cdots p_m^{\alpha_m}$ 是 n 的标准分解时，试证

$$\varphi_1(n) = \frac{1}{2} n \varphi(n)$$

$$\varphi_2(n) = \frac{1}{3} n^2 \varphi(n) + \frac{n}{6} \prod_{p \mid n} (1 - p)$$

其中 p 是 n 的素因子.

证明 1. 取 $f(x) = x^\alpha$，则

$$F(n) = \sum_{k=1}^{n} f\left(\frac{k}{n}\right) = \sum_{k=1}^{n} \frac{k^\alpha}{n^\alpha} = \frac{1}{n^\alpha} \sum_{k=1}^{n} k^\alpha$$

$$F^*(d) = \sum_{\substack{1 \leqslant k \leqslant d \\ (k,d)=1}} \frac{k^\alpha}{d^\alpha} = \frac{1}{d^\alpha} \sum_{\substack{1 \leqslant k \leqslant d \\ (k,d)=1}} k^\alpha = \frac{\varphi_\alpha(d)}{d^\alpha}$$

所以 1 的欲证等式相当于 $F(n) = \sum_{d \mid n} F^*(d)$.

2. 由 $F^*(n) = \sum_{d \mid n} \mu(d) F\left(\frac{n}{d}\right)$，得

$$\begin{aligned}
\varphi_1(n) &= \sum_{\substack{1 \leqslant k \leqslant n \\ (k,n)=1}} k = n \sum_{\substack{1 \leqslant k \leqslant n \\ (k,n)=1}} \frac{k}{n} = n F^*(n) \\
&= n \sum_{d \mid n} \mu(d) \left(\frac{n}{2d} + \frac{1}{2}\right) \\
&= \frac{n}{2} \sum_{d \mid n} \left(\frac{n}{d} + 1\right) \mu(d) \\
&= \frac{n}{2} \sum_{d \mid n} \frac{n}{d} \cdot \mu(d) \\
&= \frac{n^2}{2} \sum_{d \mid n} \frac{\mu(d)}{d} \\
&= \frac{n^2}{2} \cdot \frac{\varphi(n)}{n} = \frac{1}{2} n \varphi(n)
\end{aligned}$$

$$\varphi_2(n) = \sum_{\substack{1 \leqslant k \leqslant n \\ (k,n)=1}} k^2 = n^2 \sum_{\substack{1 \leqslant k \leqslant n \\ (k,n)=1}} \frac{k^2}{n^2} = n^2 F^*(n)$$

$$= n^2 \sum_{d|n} \mu(d)\left(\frac{n}{3d} + \frac{1}{2} + \frac{d}{6n}\right)$$

$$= \frac{n^3}{3} \sum_{d|n} \frac{\mu(d)}{d} + \frac{n}{6} \sum_{d|n} \mu(d) d$$

$$= \frac{n^3}{3} \frac{\varphi(n)}{n} + \frac{n}{6}\left(1 - \sum_{1 \leqslant i \leqslant m} p_i + \sum_{1 \leqslant i_1 < i_2 < m} p_{i_1} p_{i_2} - \cdots + (-1)^m p_1 p_2 \cdots p_m\right)$$

$$= \frac{n^2}{3} \varphi(n) + \frac{n}{6} \prod_{1 \leqslant i \leqslant n} (1 - p_i)$$

问题2　设$p(n)$表示不超过n且和n互素的正整数之积，试证

$$p(n) = n^{\varphi(n)} \prod_{d|n} \left(\frac{d!}{d^d}\right)^{\mu\left(\frac{n}{d}\right)}$$

证明　先证明一个引理.

引理：设$f(x)$是定义在闭区间$[0,1]$中的函数，如果对每个正整数n，令

$$F(n) = \sum_{k=1}^{n} f\left(\frac{k}{n}\right)$$

$$F^*(n) = \sum_{\substack{k=1 \\ (k,n)=1}}^{n} f\left(\frac{k}{n}\right)$$

则

$$F^*(n) = \sum_{d|n} \mu(d) F\left(\frac{n}{d}\right)$$

引理的证明：由麦比乌斯反演公式知，这里只需证明

$$F(n) = \sum_{d|n} F^*(d)$$

设a是$1,2,\cdots,n$中的任一个数，令$d = (a,n)$，则

d 是 n 的因子,并且$a = de$. 而

$$(a,n) = d \Leftrightarrow \left(\frac{a}{d},\frac{n}{d}\right) = 1 \Leftrightarrow \left(e,\frac{n}{d}\right) = 1$$

其中$1 \leqslant e = \frac{a}{d} \leqslant \frac{n}{d}$,从而在$1,2,\cdots,n$中满足$(a,n) = d$的$a$的个数等于$1,\cdots,\frac{n}{d}$中满足$\left(e,\frac{n}{d}\right) = 1$的$e$的个数,即为$\varphi\left(\frac{n}{d}\right)$,从而

$$\begin{aligned} F(n) &= \sum_{k=1}^{n} f\left(\frac{k}{n}\right) \\ &= \sum_{d\mid n}\Big(\sum_{\substack{k=1 \\ (k,n)=d}}^{n} f\left(\frac{k}{n}\right)\Big) \\ &\xlongequal{\text{令 } k = de} \sum_{d\mid n}\left(\sum_{\substack{1\leqslant e\leqslant \frac{n}{d} \\ (e,\frac{n}{d})=1}} f\left(\frac{e}{\frac{n}{d}}\right)\right) \\ &= \sum_{d\mid n} F^{*}\left(\frac{n}{d}\right) = \sum_{d\mid n} F^{*}(d) \end{aligned}$$

故引理正确.

现在来证明原问题.

在引理中取$f(x) = \ln x$,则

$$\begin{aligned} F^{*}(n) &= \sum_{\substack{m=1 \\ (m,n)=1}}^{n} \ln\left(\frac{m}{n}\right) \\ &= \sum_{\substack{m=1 \\ (m,n)=1}}^{n} (\ln m - \ln n) \\ &= \ln\Big(\prod_{\substack{1\leqslant m\leqslant n \\ (m,n)=1}} m\Big) - \varphi(n)\ln n \\ &= \ln p(n) - \ln n^{\varphi(n)} \end{aligned}$$

$$F(d) = \sum_{k=1}^{d} \ln\left(\frac{k}{d}\right) = \ln \frac{d!}{d^d}$$

再由 $F^*(n) = \sum_{d|n} \mu\left(\frac{n}{d}\right) F(d)$ 得到

$$\begin{aligned} \ln p(n) - \ln n^{\varphi(n)} &= \sum_{d|n} \mu\left(\frac{n}{d}\right) \ln \frac{d!}{d^d} \\ &= \sum_{d|n} \ln\left(\frac{d!}{d^d}\right)^{\mu\left(\frac{n}{d}\right)} \\ &= \ln\left(\prod_{d|n}\left(\frac{d!}{d^d}\right)^{\mu\left(\frac{n}{d}\right)}\right) \end{aligned}$$

所以

$$\ln p(n) = \ln\left(n^{\varphi(n)} \prod_{d|n}\left(\frac{d!}{d^d}\right)^{\mu\left(\frac{n}{d}\right)}\right)$$

故得

$$p(n) = n^{\varphi(n)} \prod_{d|n}\left(\frac{d!}{d^d}\right)^{\mu\left(\frac{n}{d}\right)}$$

定理6.1　令 $0 < \eta_0 \leqslant \eta_1$，设 $h(k)$ 是一非恒等于零的完全积性函数，若对所有适合于 $\eta_0 \leqslant \eta \leqslant \eta_1$ 的 η 总有

$$g(\eta) = \sum_{1 \leqslant k \leqslant \frac{\eta_1}{\eta}} f(k\eta) h(k) \tag{6.6}$$

则对这样的 η 亦总有

$$f(\eta) = \sum_{1 \leqslant k \leqslant \frac{\eta_1}{\eta}} \mu(k) g(k\eta) h(k) \tag{6.7}$$

且其逆命题也成立.

证明　由式(1)可知

$$\sum_{1\leqslant k\leqslant\frac{\eta_1}{\eta}}\mu(k)g(k\eta)h(k)$$

$$=\sum_{1\leqslant k\leqslant\frac{\eta_1}{\eta}}\mu(k)h(k)\sum_{1\leqslant m\leqslant\frac{\eta_1}{k\eta}}f(mk\eta)h(m)$$

令 $mk=r$,由

$$\sum_{d\mid n}\mu(d)=\begin{cases}1,若\ n=1\\0,若\ n\neq 1\end{cases}$$

可知

$$\begin{aligned}\sum_{1\leqslant k\leqslant\frac{\eta_1}{\eta}}\mu(k)g(k\eta)h(k)&=\sum_{1\leqslant k\leqslant\frac{\eta_1}{\eta}}\mu(k)\sum_{1\leqslant r\leqslant\frac{\eta_1}{\eta}}f(r\eta)h(k)h\left(\frac{r}{k}\right)\\&=\sum_{1\leqslant r\leqslant\frac{\eta_1}{\eta}}f(r\eta)h(r)\sum_{\substack{1\leqslant k\leqslant\frac{\eta_1}{\eta}\\k\mid r}}\mu(k)\\&=\sum_{1\leqslant r\leqslant\frac{\eta_1}{\eta}}f(r\eta)h(r)\sum_{k\mid r}\mu(k)\\&=f(\eta)h(1)=f(\eta)\end{aligned}$$

此即式(6.7).

又设式(6.7) 成立,则

$$\begin{aligned}\sum_{1\leqslant k\leqslant\frac{\eta_1}{\eta}}f(k\eta)h(k)&=\sum_{1\leqslant k\leqslant\frac{\eta_1}{\eta}}f(k)\sum_{1\leqslant m\leqslant\frac{\eta_1}{\eta}}\mu(m)g(mk\eta)h(m)\\&=\sum_{1\leqslant k\leqslant\frac{\eta_1}{\eta}}\sum_{\substack{1\leqslant r\leqslant\frac{\eta_1}{\eta}\\k\mid r}}\mu\left(\frac{r}{k}\right)g(r\eta)h(k)h\left(\frac{r}{k}\right)\\&=\sum_{1\leqslant r\leqslant\frac{\eta_1}{\eta}}g(r\eta)h(r)\sum_{\substack{1\leqslant k\leqslant\frac{\eta_1}{\eta}\\k\mid r}}\mu\left(\frac{r}{k}\right)\\&=\sum_{1\leqslant r\leqslant\frac{\eta_1}{\eta}}g(r\eta)h(r)\delta(r)=g(\eta)\end{aligned}$$

即式(6.6) 成立.

此定理有一个推论.

推论　令 $\xi_0 \geqslant 1$,设 $H(k)$ 是一非恒等于零的完全积性函数,若对所有适合 $1 \leqslant \xi \leqslant \xi_0$ 的 ξ 总有

$$G(\xi) = \sum_{1 \leqslant k \leqslant \xi} F\left(\frac{\xi}{k}\right) H(k) \tag{6.8}$$

则对此 ξ 也有

$$F(\xi) = \sum_{1 \leqslant k \leqslant \xi} \mu(k) G\left(\frac{\xi}{k}\right) H(k) \tag{6.9}$$

其逆命题也成立.

证明　只需在定理1中令 $f(\eta) = F\left(\frac{1}{\eta}\right)$ 及 $g(\eta) = G\left(\frac{1}{\eta}\right)$ 即可.

下面给出一个应用.

定理 6.2　当 $\xi \geqslant 1$ 时,有

$$\left| \sum_{1 \leqslant k \leqslant \xi} \frac{\mu(k)}{k} \right| \leqslant 1 \tag{6.10}$$

证明　在式(6.8)中取 $F(\xi) = H(k) = 1$,如此则 $G(\xi) = [\xi]$,由式(6.9)可知

$$1 = \sum_{1 \leqslant k \leqslant \xi} \mu(k) \left[\frac{\xi}{k}\right] \tag{6.11}$$

若 $1 \leqslant \xi < 2$,则式(6.10)显然成立. 今设 $\xi \geqslant 2$,并取 $x = [\xi]$,则

$$\begin{aligned} \left| x \sum_{k=1}^{x} \frac{\mu(k)}{k} - 1 \right| &= \left| \sum_{k=1}^{x} \left(\frac{x}{k} - \left[\frac{x}{k}\right] \right) \right| \\ &= \left| \sum_{k=2}^{x} \mu(k) \left(\frac{x}{k} - \left[\frac{x}{k}\right] \right) \right| \\ &\leqslant \sum_{k=2}^{x} 1 = x - 1 \end{aligned}$$

故

$$x\left|\sum_{k=1}^{x}\frac{\mu(k)}{k}\right|\leqslant 1+(x-1)=x$$

§6.5　一组练习题

下面给出一些关于$\mu(n)$的简单习题供读者练习.

1. 设n为任给的正整数,求$\mu(n)\mu(n+1)\mu(n+2)\mu(n+3)$的值.

2. 求$\sum_{j=1}^{\infty}\mu(j!)$的值.

3. 分别求正整数k,使

$$\mu(k)+\mu(k+1)+\mu(k+2)=0,\ \pm 1,\ \pm 2,\ \pm 3$$

4. 证明:$\sum_{d^2 \mid n}\mu(d)=\mu^2(n)=|\mu(n)|$,这里求和号表示对所有满足$d^2 \mid n$的正整数$d$求和.

5. 证明:(1) $\sum_{d \mid n}\mu^2(d)=2^{\omega(n)}$,$\omega(n)$是$n$的不同的素因数的个数,$\omega(1)=0$;

(2) $\sum_{d \mid n}\mu(d)\tau(d)=(-1)^{\omega(n)}$.

6. 设k是给定的正整数,证明

$$\sum_{d^k \mid n}\mu(d)=\begin{cases}0,\text{若存在 } m>1 \text{ 使 } m^k \mid n\\1,\text{其他}\end{cases}$$

这里求和号表示对所有满足$d^k \mid n$的正整数d求和.

7. 设$2 \mid n$,证明:$\sum_{d \mid n}\mu(d)\varphi(d)=0$.

8. 求$\sum_{d \mid n}\mu(d)\sigma(d)$的值.

9. (1) 设 $k \mid n$,证明: $\sum\limits_{\substack{d=1 \\ (d,n)=k}} 1 = \varphi\left(\frac{n}{k}\right)$;

(2) 设 $f(n)$ 是一数论函数,证明

$$\sum_{d=1}^{n} f((d,n)) = \sum_{d \mid n} f(d) \varphi\left(\frac{n}{d}\right)$$

(3) 证明: $\sum\limits_{d=1}^{n} (d,n)\mu((d,n)) = \mu(n)$.

10. 证明: $\mu(n) = \sum\limits_{\substack{d=1 \\ (d,n)=1}}^{n} e^{\frac{2\pi i d}{n}}$.

11. 证明: $\sum\limits_{d \leqslant x} \mu(d)\left[\frac{x}{d}\right] = 1$.

12. 证明: $\theta(x) = \sum\limits_{n=1}^{\infty} \mu(n)\psi(x^{\frac{1}{n}})$.

13. 设 $T(x) = \ln([x]!)$,证明:当 $x \geqslant 1$ 时

$$\psi(x) = \sum_{n \leqslant x} \mu(n) T\left(\frac{x}{n}\right)$$

14. 证明:(1) $\Lambda(n) = \sum\limits_{d \mid n} \Lambda(d) \{ \sum\limits_{l \mid \frac{n}{d}} \mu(l) \}$;

(2) $\Lambda(n) = \sum\limits_{l \mid n} \mu(l) \ln\left(\frac{n}{l}\right) = -\sum\limits_{l \mid n} \mu(l) \ln l$.

15. 设 $\Omega(n)$ 表示 n 的不同的素因数的个数, $\Omega(1) = 0$ 及 $\lambda(n) = (-1)^{\Omega(n)}$,证明

$$\sum_{mn=l} \mu^2(m)\lambda(n) = \begin{cases} 1, l = 1 \\ 0, l > 1 \end{cases}$$

16. 设 p 是给定的素数,求 $\sum\limits_{d \mid n} \mu(d)\mu((d,p))$ 的表达式.

17. 设 m 是给定的正整数,求 $\sum\limits_{d \mid n} \mu(d) \ln^m d$,并证

明:当 n 有多于 m 个不同的素因数时,和式等于零.

18. 证明:$f(n)$ 的麦比乌斯变换的麦比乌斯变换为 $\sum_{d|n} f(d)\tau\left(\frac{n}{d}\right)$.

19. 设 k 是给定的正整数,定义正整数集合上的函数

$$Q_k(n) = \begin{cases} 1, n\text{ 无大于 1 的 }k\text{ 次方因数} \\ 0, \text{其他} \end{cases}$$

证明:$Q_k(n) = \sum_{d^k|n} \mu(d)$.

20. 求 $|\mu(n)|$ 的麦比乌斯变换及麦比乌斯逆变换.

21. 设 k 是给定的正整数,定义正整数集合上的函数

$$P_k(n) = \begin{cases} 1, n\text{ 是 }k\text{ 次方程} \\ 0, \text{其他} \end{cases}$$

求 $P_k(n)$ 的麦比乌斯变换及麦比乌斯逆变换,并证明:$P_2(n)$ 的麦比乌斯逆变换是 $\lambda(n)$.

22. 求 $Q_k(n)$ 的麦比乌斯变换及麦比乌斯逆变换.

23. 设 k 是给定的正整数,以 $\varphi_k(n)$ 表示满足以下条件的数组 $\{d_1, d_2, \cdots, d_k\}$ 的个数

$1 \leqslant d_j \leqslant n, 1 \leqslant j \leqslant k$ 及 $(d_1, \cdots, d_k, n) = 1$

求证:$\varphi_k(n)$ 的麦比乌斯变换是 n^k.

24. 设 $S_k(n) = n^{-k}\sum_{j=1}^{n} j^k, S_k^*(n) = n^{-k}\sum_{\substack{j=1 \\ (j,n)=1}}^{n} j^k$,求证:$S_k^*(n)$ 的麦比乌斯变换是 $S_k(n)$.

25. 设 f 是集合 S 到自身的映射,它的 n 次迭代记为

$$f^{[n]}=f(f(\cdots(f(x))\cdots))$$

假设对每个正整数 n,$f^{[n]}$ 有有限个不动点,即有有限个 $x\in S$,满足$f^{[n]}(x)=x$,以 $T(x)$ 记所有这样的不动点组成的集合,且亦表示这个集合中的点的个数,证明:

(1)$n\mid\sum\limits_{d\mid n}\mu(d)T\left(\frac{n}{d}\right)$;

(2)取 S 为全体复数组成的集合,n 和 k 为正整数,以及$f(z)=z^k$. 由(1)推出 $n\mid\sum\limits_{d\mid n}\mu\left(\frac{n}{d}\right)k^d$,当 n 等于素数时,这就是费马小定理,所以,这是费马小定理的推广.

26. 设 $x\geqslant 1$,证明:$\sum\limits_{n\leqslant x}\mu^2(n)=\frac{6}{\pi^2}x+r(n)$. 这里 $|r(x)|<Ax^{\frac{1}{2}}$,A 为一正常数.

27. 设 $x\geqslant 1$,$D(x)=x\ln x+r_1(x)$,其中 $|r_1(x)|\leqslant x$,证明

$$\sum_{n\leqslant x}2^{\omega(n)}=\sum_{n\leqslant\sqrt{x}}\mu(n)D\left(\frac{x}{n^2}\right)$$

28. 设 $x\geqslant 1$,证明:

(1)$\sum\limits_{n\leqslant x}\varphi(n)=\frac{1}{2}\sum\limits_{n\leqslant x}\mu(n)\left[\frac{x}{n}\right]^2+\frac{1}{2}$;

(2)$\sum\limits_{n\leqslant x}\frac{\varphi(n)}{n}=\sum\limits_{n\leqslant x}\frac{\mu(n)}{n}\left[\frac{x}{n}\right]$.

29. 考虑由26个字母构成的 n 个字符的所有可能“单词”. 如果一个词不是由相同小词的连接所形成的,我们就说它是“素”的. 例如,booboo 不是素的,而 booby 是素的. 令 $p(n)$ 代表长度为 n 的素词个数,证明

$$p(n) = \sum_{d \mid n} \mu(d) 26^{\frac{n}{d}}$$

例如,这个公式表明 $p(1) = \mu(1) \cdot 26^1 = 26$,这是合理的,因为每个单字符词都是素的. 类似地有 $p(2) = \mu(1) \cdot 26^2 + \mu(2) \cdot 26^1 = 26^2 - 26$,这也合理,因为有 26^2 个两字符单词,并且除了26个词aa,bb,…,zz以外都是素的.

30. 设 $n \in \mathbf{N}$,求使得 $\mu(n) + \mu(n+1) + \mu(n+2) = 3$ 的 n 的值.

31. 令 $w(n)$ 为整除 n 的不同素数的个数,证明

$$\sum_{d \mid n} \mid \mu(d) \mid = 2^{w(n)}$$

32. 存在使

$$\mu(x) = \mu(x+1) = \mu(x+2) = \cdots = \mu(x+1\,996)$$

成立的 x 吗?

33. 回忆函数原象的定义,证明:对于每个 $n \in \mathbf{N}$,有

$$\sum_{k \in \varphi^{-1}(n)} \mu(k) = 0$$

例如,如果 $n = 4$,则 $\varphi^{-1}(n) = \{5, 8, 10, 12\}$(当然,需要证明为什么没有其他数能使 $\varphi(k) = 4$),并且

$$\mu(5) + \mu(8) + \mu(10) + \mu(12) = -1 + 0 + 1 + 0 = 0$$

34. 证明:$\Phi_n(x) = \prod_{d \mid n} (x^d - 1)^{\mu(\frac{n}{d})}$.

35. 证明:对于每个 $n \in \mathbf{N}$,本原 n 阶单位根的和等于 $\mu(n)$. 换言之,如果

$$\zeta := \mathrm{Cis} \frac{2\pi}{p}$$

则

$$\sum_{a \nmid n, 1 \leqslant a < n} \zeta^a = \mu(n)$$

哈尔滨工业大学出版社刘培杰数学工作室已出版(即将出版)图书目录

书 名	出版时间	定 价	编号
新编中学数学解题方法全书(高中版)上卷	2007—09	38.00	7
新编中学数学解题方法全书(高中版)中卷	2007—09	48.00	8
新编中学数学解题方法全书(高中版)下卷(一)	2007—09	42.00	17
新编中学数学解题方法全书(高中版)下卷(二)	2007—09	38.00	18
新编中学数学解题方法全书(高中版)下卷(三)	2010—06	58.00	73
新编中学数学解题方法全书(初中版)上卷	2008—01	28.00	29
新编中学数学解题方法全书(初中版)中卷	2010—07	38.00	75
新编中学数学解题方法全书(高考复习卷)	2010—01	48.00	67
新编中学数学解题方法全书(高考真题卷)	2010—01	38.00	62
新编中学数学解题方法全书(高考精华卷)	2011—03	68.00	118
新编平面解析几何解题方法全书(专题讲座卷)	2010—01	18.00	61
新编中学数学解题方法全书(自主招生卷)	2013—08	88.00	261
数学眼光透视	2008—01	38.00	24
数学思想领悟	2008—01	38.00	25
数学应用展观	2008—01	38.00	26
数学建模导引	2008—01	28.00	23
数学方法溯源	2008—01	38.00	27
数学史话览胜	2008—01	28.00	28
数学思维技术	2013—09	38.00	260
从毕达哥拉斯到怀尔斯	2007—10	48.00	9
从迪利克雷到维斯卡尔迪	2008—01	48.00	21
从哥德巴赫到陈景润	2008—05	98.00	35
从庞加莱到佩雷尔曼	2011—08	138.00	136
数学解题中的物理方法	2011—06	28.00	114
数学解题的特殊方法	2011—06	48.00	115
中学数学计算技巧	2012—01	48.00	116
中学数学证明方法	2012—01	58.00	117
数学趣题巧解	2012—03	28.00	128
三角形中的角格点问题	2013—01	88.00	207
含参数的方程和不等式	2012—09	28.00	213

哈尔滨工业大学出版社刘培杰数学工作室已出版(即将出版)图书目录

书　名	出版时间	定　价	编号
数学奥林匹克与数学文化(第一辑)	2006－05	48.00	4
数学奥林匹克与数学文化(第二辑)(竞赛卷)	2008－01	48.00	19
数学奥林匹克与数学文化(第二辑)(文化卷)	2008－07	58.00	36′
数学奥林匹克与数学文化(第三辑)(竞赛卷)	2010－01	48.00	59
数学奥林匹克与数学文化(第四辑)(竞赛卷)	2011－08	58.00	87
数学奥林匹克与数学文化(第五辑)	2014－09		370

书　名	出版时间	定　价	编号
发展空间想象力	2010－01	38.00	57
走向国际数学奥林匹克的平面几何试题诠释(上、下)(第1版)	2007－01	68.00	11,12
走向国际数学奥林匹克的平面几何试题诠释(上、下)(第2版)	2010－02	98.00	63,64
平面几何证明方法全书	2007－08	35.00	1
平面几何证明方法全书习题解答(第1版)	2005－10	18.00	2
平面几何证明方法全书习题解答(第2版)	2006－12	18.00	10
平面几何天天练上卷·基础篇(直线型)	2013－01	58.00	208
平面几何天天练中卷·基础篇(涉及圆)	2013－01	28.00	234
平面几何天天练下卷·提高篇	2013－01	58.00	237
平面几何专题研究	2013－07	98.00	258
最新世界各国数学奥林匹克中的平面几何试题	2007－09	38.00	14
数学竞赛平面几何典型题及新颖解	2010－07	48.00	74
初等数学复习及研究(平面几何)	2008－09	58.00	38
初等数学复习及研究(立体几何)	2010－06	38.00	71
初等数学复习及研究(平面几何)习题解答	2009－01	48.00	42
世界著名平面几何经典著作钩沉——几何作图专题卷(上)	2009－06	48.00	49
世界著名平面几何经典著作钩沉——几何作图专题卷(下)	2011－01	88.00	80
世界著名平面几何经典著作钩沉(民国平面几何老课本)	2011－03	38.00	113
世界著名解析几何经典著作钩沉——平面解析几何卷	2014－01	38.00	273
世界著名数论经典著作钩沉(算术卷)	2012－01	28.00	125
世界著名数学经典著作钩沉——立体几何卷	2011－02	28.00	88
世界著名三角学经典著作钩沉(平面三角卷Ⅰ)	2010－06	28.00	69
世界著名三角学经典著作钩沉(平面三角卷Ⅱ)	2011－01	38.00	78
世界著名初等数论经典著作钩沉(理论和实用算术卷)	2011－07	38.00	126
几何学教程(平面几何卷)	2011－03	68.00	90
几何学教程(立体几何卷)	2011－07	68.00	130
几何变换与几何证题	2010－06	88.00	70
计算方法与几何证题	2011－06	28.00	129
立体几何技巧与方法	2014－04	88.00	293
几何瑰宝——平面几何500名题暨1000条定理(上、下)	2010－07	138.00	76,77
三角形的解法与应用	2012－07	18.00	183
近代的三角形几何学	2012－07	48.00	184
一般折线几何学	即将出版	58.00	203
三角形的五心	2009－06	28.00	51
三角形趣谈	2012－08	28.00	212
解三角形	2014－01	28.00	265
三角学专门教程	2014－09	28.00	387
圆锥曲线习题集(上)	2013－06	68.00	255

哈尔滨工业大学出版社刘培杰数学工作室已出版(即将出版)图书目录

书　　名	出版时间	定　价	编号
俄罗斯平面几何问题集	2009-08	88.00	55
俄罗斯立体几何问题集	2014-03	58.00	283
俄罗斯几何大师——沙雷金论数学及其他	2014-01	48.00	271
来自俄罗斯的5000道几何习题及解答	2011-03	58.00	89
俄罗斯初等数学问题集	2012-05	38.00	177
俄罗斯函数问题集	2011-03	38.00	103
俄罗斯组合分析问题集	2011-01	48.00	79
俄罗斯初等数学万题选——三角卷	2012-11	38.00	222
俄罗斯初等数学万题选——代数卷	2013-08	68.00	225
俄罗斯初等数学万题选——几何卷	2014-01	68.00	226
463个俄罗斯几何老问题	2012-01	28.00	152
近代欧氏几何学	2012-03	48.00	162
罗巴切夫斯基几何学及几何基础概要	2012-07	28.00	188

书　　名	出版时间	定　价	编号
超越吉米多维奇——数列的极限	2009-11	48.00	58
Barban Davenport Halberstam 均值和	2009-01	40.00	33
初等数论难题集(第一卷)	2009-05	68.00	44
初等数论难题集(第二卷)(上、下)	2011-02	128.00	82,83
谈谈素数	2011-03	18.00	91
平方和	2011-03	18.00	92
数论概貌	2011-03	18.00	93
代数数论(第二版)	2013-08	58.00	94
代数多项式	2014-06	38.00	289
初等数论的知识与问题	2011-02	28.00	95
超越数论基础	2011-03	28.00	96
数论初等教程	2011-03	28.00	97
数论基础	2011-03	18.00	98
数论基础与维诺格拉多夫	2014-03	18.00	292
解析数论基础	2012-08	28.00	216
解析数论基础(第二版)	2014-01	48.00	287
解析数论问题集(第二版)	2014-05	88.00	343
解析几何研究	2015-01	38.00	425
数论入门	2011-03	38.00	99
数论开篇	2012-07	28.00	194
解析数论引论	2011-03	48.00	100
复变函数引论	2013-10	68.00	269
无穷分析引论(上)	2013-04	88.00	247
无穷分析引论(下)	2013-04	98.00	245

哈尔滨工业大学出版社刘培杰数学工作室已出版(即将出版)图书目录

书　名	出版时间	定　价	编号
数学分析	2014－04	28.00	338
数学分析中的一个新方法及其应用	2013－01	38.00	231
数学分析例选:通过范例学技巧	2013－01	88.00	243
三角级数论(上册)(陈建功)	2013－01	38.00	232
三角级数论(下册)(陈建功)	2013－01	48.00	233
三角级数论(哈代)	2013－06	48.00	254
基础数论	2011－03	28.00	101
超越数	2011－03	18.00	109
三角和方法	2011－03	18.00	112
谈谈不定方程	2011－05	28.00	119
整数论	2011－05	38.00	120
随机过程(Ⅰ)	2014－01	78.00	224
随机过程(Ⅱ)	2014－01	68.00	235
整数的性质	2012－11	38.00	192
初等数论 100 例	2011－05	18.00	122
初等数论经典例题	2012－07	18.00	204
最新世界各国数学奥林匹克中的初等数论试题(上、下)	2012－01	138.00	144,145
算术探索	2011－12	158.00	148
初等数论(Ⅰ)	2012－01	18.00	156
初等数论(Ⅱ)	2012－01	18.00	157
初等数论(Ⅲ)	2012－01	28.00	158
组合数学	2012－04	28.00	178
组合数学浅谈	2012－03	28.00	159
同余理论	2012－05	38.00	163
丢番图方程引论	2012－03	48.00	172
平面几何与数论中未解决的新老问题	2013－01	68.00	229
线性代数大题典	2014－07	88.00	351
法雷级数	2014－08	18.00	367
代数数论简史	2014－11	28.00	408
历届美国中学生数学竞赛试题及解答(第一卷)1950－1954	2014－07	18.00	277
历届美国中学生数学竞赛试题及解答(第二卷)1955－1959	2014－04	18.00	278
历届美国中学生数学竞赛试题及解答(第三卷)1960－1964	2014－06	18.00	279
历届美国中学生数学竞赛试题及解答(第四卷)1965－1969	2014－04	28.00	280
历届美国中学生数学竞赛试题及解答(第五卷)1970－1972	2014－06	18.00	281
历届美国中学生数学竞赛试题及解答(第七卷)1981－1986	2015－01	18.00	424

哈尔滨工业大学出版社刘培杰数学工作室已出版(即将出版)图书目录

书　　名	出版时间	定　价	编号
历届 IMO 试题集(1959—2005)	2006－05	58.00	5
历届 CMO 试题集	2008－09	28.00	40
历届中国数学奥林匹克试题集	2014－10	38.00	394
历届加拿大数学奥林匹克试题集	2012－08	38.00	215
历届美国数学奥林匹克试题集:多解推广加强	2012－08	38.00	209
保加利亚数学奥林匹克	2014－10	38.00	393
圣彼得堡数学竞赛试题集	2015－01	48.00	429
历届国际大学生数学竞赛试题集(1994－2010)	2012－01	28.00	143
全国大学生数学夏令营数学竞赛试题及解答	2007－03	28.00	15
全国大学生数学竞赛辅导教程	2012－07	28.00	189
全国大学生数学竞赛复习全书	2014－04	48.00	340
历届美国大学生数学竞赛试题集	2009－03	88.00	43
前苏联大学生数学奥林匹克竞赛题解(上编)	2012－04	28.00	169
前苏联大学生数学奥林匹克竞赛题解(下编)	2012－04	38.00	170
历届美国数学邀请赛试题集	2014－01	48.00	270
全国高中数学竞赛试题及解答.第1卷	2014－07	38.00	331
大学生数学竞赛讲义	2014－09	28.00	371
高考数学临门一脚(含密押三套卷)(理科版)	2015－01	24.80	421
高考数学临门一脚(含密押三套卷)(文科版)	2015－01	24.80	422

整函数	2012－08	18.00	161
多项式和无理数	2008－01	68.00	22
模糊数据统计学	2008－03	48.00	31
模糊分析学与特殊泛函空间	2013－01	68.00	241
受控理论与解析不等式	2012－05	78.00	165
解析不等式新论	2009－06	68.00	48
反问题的计算方法及应用	2011－11	28.00	147
建立不等式的方法	2011－03	98.00	104
数学奥林匹克不等式研究	2009－08	68.00	56
不等式研究(第二辑)	2012－02	68.00	153
初等数学研究(Ⅰ)	2008－09	68.00	37
初等数学研究(Ⅱ)(上、下)	2009－05	118.00	46,47
中国初等数学研究　2009卷(第1辑)	2009－05	20.00	45
中国初等数学研究　2010卷(第2辑)	2010－05	30.00	68
中国初等数学研究　2011卷(第3辑)	2011－07	60.00	127
中国初等数学研究　2012卷(第4辑)	2012－07	48.00	190
中国初等数学研究　2014卷(第5辑)	2014－02	48.00	288
数阵及其应用	2012－02	28.00	164
绝对值方程—折边与组合图形的解析研究	2012－07	48.00	186
不等式的秘密(第一卷)	2012－02	28.00	154
不等式的秘密(第一卷)(第2版)	2014－02	38.00	286
不等式的秘密(第二卷)	2014－01	38.00	268

哈尔滨工业大学出版社刘培杰数学工作室已出版(即将出版)图书目录

书 名	出版时间	定 价	编号
初等不等式的证明方法	2010－06	38.00	123
初等不等式的证明方法(第二版)	2014－11	38.00	407
数学奥林匹克在中国	2014－06	98.00	344
数学奥林匹克问题集	2014－01	38.00	267
数学奥林匹克不等式散论	2010－06	38.00	124
数学奥林匹克不等式欣赏	2011－09	38.00	138
数学奥林匹克超级题库(初中卷上)	2010－01	58.00	66
数学奥林匹克不等式证明方法和技巧(上、下)	2011－08	158.00	134,135
近代拓扑学研究	2013－04	38.00	239
新编 640 个世界著名数学智力趣题	2014－01	88.00	242
500 个最新世界著名数学智力趣题	2008－06	48.00	3
400 个最新世界著名数学最值问题	2008－09	48.00	36
500 个世界著名数学征解问题	2009－06	48.00	52
400 个中国最佳初等数学征解老问题	2010－01	48.00	60
500 个俄罗斯数学经典老题	2011－01	28.00	81
1000 个国外中学物理好题	2012－04	48.00	174
300 个日本高考数学题	2012－05	38.00	142
500 个前苏联早期高考数学试题及解答	2012－05	28.00	185
546 个早期俄罗斯大学生数学竞赛题	2014－03	38.00	285
548 个来自美苏的数学好问题	2014－11	28.00	396
博弈论精粹	2008－03	58.00	30
数学 我爱你	2008－01	28.00	20
精神的圣徒　别样的人生——60 位中国数学家成长的历程	2008－09	48.00	39
数学史概论	2009－06	78.00	50
数学史概论(精装)	2013－03	158.00	272
斐波那契数列	2010－02	28.00	65
数学拼盘和斐波那契魔方	2010－07	38.00	72
斐波那契数列欣赏	2011－01	28.00	160
数学的创造	2011－02	48.00	85
数学中的美	2011－02	38.00	84
王连笑教你怎样学数学——高考选择题解题策略与客观题实用训练	2014－01	48.00	262
最新全国及各省市高考数学试卷解法研究及点拨评析	2009－02	38.00	41
高考数学的理论与实践	2009－08	38.00	53
中考数学专题总复习	2007－04	28.00	6
向量法巧解数学高考题	2009－08	28.00	54
高考数学核心题型解题方法与技巧	2010－01	28.00	86
高考思维新平台	2014－03	38.00	259
数学解题——靠数学思想给力(上)	2011－07	38.00	131
数学解题——靠数学思想给力(中)	2011－07	48.00	132
数学解题——靠数学思想给力(下)	2011－07	38.00	133
我怎样解题	2013－01	48.00	227
和高中生漫谈:数学与哲学的故事	2014－08	28.00	369

哈尔滨工业大学出版社刘培杰数学工作室
已出版(即将出版)图书目录

书　　名	出版时间	定　价	编号
2011年全国及各省市高考数学试题审题要津与解法研究	2011—10	48.00	139
2013年全国及各省市高考数学试题解析与点评	2014—01	48.00	282
新课标高考数学——五年试题分章详解(2007～2011)(上、下)	2011—10	78.00	140,141
30分钟拿下高考数学选择题、填空题	2012—01	48.00	146
全国中考数学压轴题审题要津与解法研究	2013—04	78.00	248
新编全国及各省市中考数学压轴题审题要津与解法研究	2014—05	58.00	342
高考数学压轴题解题诀窍(上)	2012—02	78.00	166
高考数学压轴题解题诀窍(下)	2012—03	28.00	167

格点和面积	2012—07	18.00	191
射影几何趣谈	2012—04	28.00	175
斯潘纳尔引理——从一道加拿大数学奥林匹克试题谈起	2014—01	18.00	228
李普希兹条件——从几道近年高考数学试题谈起	2012—10	18.00	221
拉格朗日中值定理——从一道北京高考试题的解法谈起	2012—10	18.00	197
闵科夫斯基定理——从一道清华大学自主招生试题谈起	2014—01	28.00	198
哈尔测度——从一道冬令营试题的背景谈起	2012—08	28.00	202
切比雪夫逼近问题——从一道中国台北数学奥林匹克试题谈起	2013—04	38.00	238
伯恩斯坦多项式与贝齐尔曲面——从一道全国高中数学联赛试题谈起	2013—03	38.00	236
卡塔兰猜想——从一道普特南竞赛试题谈起	2013—06	18.00	256
麦卡锡函数和阿克曼函数——从一道前南斯拉夫数学奥林匹克试题谈起	2012—08	18.00	201
贝蒂定理与拉姆贝克莫斯尔定理——从一个拣石子游戏谈起	2012—08	18.00	217
皮亚诺曲线和豪斯道夫分球定理——从无限集谈起	2012—08	18.00	211
平面凸图形与凸多面体	2012—10	28.00	218
斯坦因豪斯问题——从一道二十五省市自治区中学数学竞赛试题谈起	2012—07	18.00	196
纽结理论中的亚历山大多项式与琼斯多项式——从一道北京市高一数学竞赛试题谈起	2012—07	28.00	195
原则与策略——从波利亚"解题表"谈起	2013—04	38.00	244
转化与化归——从三大尺规作图不能问题谈起	2012—08	28.00	214
代数几何中的贝祖定理(第一版)——从一道IMO试题的解法谈起	2013—08	38.00	193
成功连贯理论与约当块理论——从一道比利时数学竞赛试题谈起	2012—04	18.00	180
磨光变换与范·德·瓦尔登猜想——从一道环球城市竞赛试题谈起	即将出版		
素数判定与大数分解	2014—08	18.00	199
置换多项式及其应用	2012—10	18.00	220
椭圆函数与模函数——从一道美国加州大学洛杉矶分校(UCLA)博士资格考题谈起	2012—10	38.00	219
差分方程的拉格朗日方法——从一道2011年全国高考理科试题的解法谈起	2012—08	28.00	200

哈尔滨工业大学出版社刘培杰数学工作室已出版(即将出版)图书目录

书　　名	出版时间	定　价	编号
力学在几何中的一些应用	2013－01	38.00	240
高斯散度定理、斯托克斯定理和平面格林定理——从一道国际大学生数学竞赛试题谈起	即将出版		
康托洛维奇不等式——从一道全国高中联赛试题谈起	2013－03	28.00	337
西格尔引理——从一道第 18 届 IMO 试题的解法谈起	即将出版		
罗斯定理——从一道前苏联数学竞赛试题谈起	即将出版		
拉克斯定理和阿廷定理——从一道 IMO 试题的解法谈起	2014－01	58.00	246
毕卡大定理——从一道美国大学数学竞赛试题谈起	2014－07	18.00	350
贝齐尔曲线——从一道全国高中联赛试题谈起	即将出版		
拉格朗日乘子定理——从一道 2005 年全国高中联赛试题谈起	即将出版		
雅可比定理——从一道日本数学奥林匹克试题谈起	2013－04	48.00	249
李天岩－约克定理——从一道波兰数学竞赛试题谈起	2014－06	28.00	349
整系数多项式因式分解的一般方法——从克朗耐克算法谈起	即将出版		
布劳维不动点定理——从一道前苏联数学奥林匹克试题谈起	2014－01	38.00	273
压缩不动点定理——从一道高考数学试题的解法谈起	即将出版		
伯恩赛德定理——从一道英国数学奥林匹克试题谈起	即将出版		
布查特－莫斯特定理——从一道上海市初中竞赛试题谈起	即将出版		
数论中的同余数问题——从一道普特南竞赛试题谈起	即将出版		
范·德蒙行列式——从一道美国数学奥林匹克试题谈起	即将出版		
中国剩余定理——从一道美国数学奥林匹克试题的解法谈起	即将出版		
牛顿程序与方程求根——从一道全国高考试题解法谈起	即将出版		
库默尔定理——从一道 IMO 预选试题谈起	即将出版		
卢丁定理——从一道冬令营试题的解法谈起	即将出版		
沃斯滕霍姆定理——从一道 IMO 预选试题谈起	即将出版		
卡尔松不等式——从一道莫斯科数学奥林匹克试题谈起	即将出版		
信息论中的香农熵——从一道近年高考压轴题谈起	即将出版		
约当不等式——从一道希望杯竞赛试题谈起	即将出版		
拉比诺维奇定理	即将出版		
刘维尔定理——从一道《美国数学月刊》征解问题的解法谈起	即将出版		
卡塔兰恒等式与级数求和——从一道 IMO 试题的解法谈起	即将出版		
勒让德猜想与素数分布——从一道爱尔兰竞赛试题谈起	即将出版		
天平称重与信息论——从一道基辅市数学奥林匹克试题谈起	即将出版		
哈密尔顿－凯莱定理:从一道高中数学联赛试题的解法谈起	2014－09	18.00	376
艾思特曼定理——从一道 CMO 试题的解法谈起	即将出版		

哈尔滨工业大学出版社刘培杰数学工作室已出版(即将出版)图书目录

书名	出版时间	定价	编号
一个爱尔特希问题——从一道西德数学奥林匹克试题谈起	即将出版		
有限群中的爱丁格尔问题——从一道北京市初中二年级数学竞赛试题谈起	即将出版		
贝克码与编码理论——从一道全国高中联赛试题谈起	即将出版		
帕斯卡三角形	2014－03	18.00	294
蒲丰投针问题——从2009年清华大学的一道自主招生试题谈起	2014－01	38.00	295
斯图姆定理——从一道“华约”自主招生试题的解法谈起	2014－01	18.00	296
许瓦兹引理——从一道加利福尼亚大学伯克利分校数学系博士生试题谈起	2014－08	18.00	297
拉格朗日中值定理——从一道北京高考试题的解法谈起	2014－01		298
拉姆塞定理——从王诗宬院士的一个问题谈起	2014－01		299
坐标法	2013－12	28.00	332
数论三角形	2014－04	38.00	341
毕克定理	2014－07	18.00	352
数林掠影	2014－09	48.00	389
我们周围的概率	2014－10	38.00	390
凸函数最值定理:从一道华约自主招生题的解法谈起	2014－10	28.00	391
易学与数学奥林匹克	2014－10	38.00	392
生物数学趣谈	2015－01	18.00	409
反演	2015－01		420
因式分解与圆锥曲线	2015－01	18.00	426
轨迹	2015－01	28.00	427
中等数学英语阅读文选	2006－12	38.00	13
统计学专业英语	2007－03	28.00	16
统计学专业英语(第二版)	2012－07	48.00	176
幻方和魔方(第一卷)	2012－05	68.00	173
尘封的经典——初等数学经典文献选读(第一卷)	2012－07	48.00	205
尘封的经典——初等数学经典文献选读(第二卷)	2012－07	38.00	206
实变函数论	2012－06	78.00	181
非光滑优化及其变分分析	2014－01	48.00	230
疏散的马尔科夫链	2014－01	58.00	266
初等微分拓扑学	2012－07	18.00	182
方程式论	2011－03	38.00	105
初级方程式论	2011－03	28.00	106
Galois 理论	2011－03	18.00	107
古典数学难题与伽罗瓦理论	2012－11	58.00	223
伽罗华与群论	2014－01	28.00	290
代数方程的根式解及伽罗瓦理论	2011－03	28.00	108
代数方程的根式解及伽罗瓦理论(第二版)	2015－01	28.00	423
线性偏微分方程讲义	2011－03	18.00	110
N 体问题的周期解	2011－03	28.00	111
代数方程式论	2011－05	18.00	121
动力系统的不变量与函数方程	2011－07	48.00	137
基于短语评价的翻译知识获取	2012－02	48.00	168

哈尔滨工业大学出版社刘培杰数学工作室已出版(即将出版)图书目录

书　名	出版时间	定　价	编号
应用随机过程	2012－04	48.00	187
概率论导引	2012－04	18.00	179
矩阵论(上)	2013－06	58.00	250
矩阵论(下)	2013－06	48.00	251
趣味初等方程妙题集锦	2014－09	48.00	388
对称锥互补问题的内点法:理论分析与算法实现	2014－08	68.00	368
抽象代数:方法导引	2013－06	38.00	257
闵嗣鹤文集	2011－03	98.00	102
吴从炘数学活动三十年(1951～1980)	2010－07	99.00	32
函数论	2014－11	78.00	395
吴振奎高等数学解题真经(概率统计卷)	2012－01	38.00	149
吴振奎高等数学解题真经(微积分卷)	2012－01	68.00	150
吴振奎高等数学解题真经(线性代数卷)	2012－01	58.00	151
高等数学解题全攻略(上卷)	2013－06	58.00	252
高等数学解题全攻略(下卷)	2013－06	58.00	253
高等数学复习纲要	2014－01	18.00	384
钱昌本教你快乐学数学(上)	2011－12	48.00	155
钱昌本教你快乐学数学(下)	2012－03	58.00	171
数贝偶拾——高考数学题研究	2014－04	28.00	274
数贝偶拾——初等数学研究	2014－04	38.00	275
数贝偶拾——奥数题研究	2014－04	48.00	276
集合、函数与方程	2014－01	28.00	300
数列与不等式	2014－01	38.00	301
三角与平面向量	2014－01	28.00	302
平面解析几何	2014－01	38.00	303
立体几何与组合	2014－01	28.00	304
极限与导数、数学归纳法	2014－01	38.00	305
趣味数学	2014－03	28.00	306
教材教法	2014－04	68.00	307
自主招生	2014－05	58.00	308
高考压轴题(上)	2014－11	48.00	309
高考压轴题(下)	2014－10	68.00	310
从费马到怀尔斯——费马大定理的历史	2013－10	198.00	Ⅰ
从庞加莱到佩雷尔曼——庞加莱猜想的历史	2013－10	298.00	Ⅱ
从切比雪夫到爱尔特希(上)——素数定理的初等证明	2013－07	48.00	Ⅲ
从切比雪夫到爱尔特希(下)——素数定理 100 年	2012－12	98.00	Ⅲ
从高斯到盖尔方特——二次域的高斯猜想	2013－10	198.00	Ⅳ
从库默尔到朗兰兹——朗兰兹猜想的历史	2014－01	98.00	Ⅴ
从比勃巴赫到德布朗斯——比勃巴赫猜想的历史	2014－02	298.00	Ⅵ
从麦比乌斯到陈省身——麦比乌斯变换与麦比乌斯带	2014－02	298.00	Ⅶ
从布尔到豪斯道夫——布尔方程与格论漫谈	2013－10	198.00	Ⅷ
从开普勒到阿诺德——三体问题的历史	2014－05	298.00	Ⅸ
从华林到华罗庚——华林问题的历史	2013－10	298.00	Ⅹ

哈尔滨工业大学出版社刘培杰数学工作室已出版(即将出版)图书目录

书　　名	出版时间	定　价	编号
三角函数	2014－01	38.00	311
不等式	2014－01	28.00	312
方程	2014－01	28.00	314
数列	2014－01	38.00	313
排列和组合	2014－01	28.00	315
极限与导数	2014－01	28.00	316
向量	2014－09	38.00	317
复数及其应用	2014－08	28.00	318
函数	2014－01	38.00	319
集合	即将出版		320
直线与平面	2014－01	28.00	321
立体几何	2014－04	28.00	322
解三角形	即将出版		323
直线与圆	2014－01	28.00	324
圆锥曲线	2014－01	38.00	325
解题通法(一)	2014－07	38.00	326
解题通法(二)	2014－07	38.00	327
解题通法(三)	2014－05	38.00	328
概率与统计	2014－01	28.00	329
信息迁移与算法	即将出版		330
第19～23届"希望杯"全国数学邀请赛试题审题要津详细评注(初一版)	2014－03	28.00	333
第19～23届"希望杯"全国数学邀请赛试题审题要津详细评注(初二、初三版)	2014－03	38.00	334
第19～23届"希望杯"全国数学邀请赛试题审题要津详细评注(高一版)	2014－03	28.00	335
第19～23届"希望杯"全国数学邀请赛试题审题要津详细评注(高二版)	2014－03	38.00	336
第19～25届"希望杯"全国数学邀请赛试题审题要津详细评注(初一版)	2015－01	38.00	416
第19～25届"希望杯"全国数学邀请赛试题审题要津详细评注(初二、初三版)	2015－01	58.00	417
第19～25届"希望杯"全国数学邀请赛试题审题要津详细评注(高一版)	2015－01	48.00	418
第19～25届"希望杯"全国数学邀请赛试题审题要津详细评注(高二版)	2015－01	48.00	419
物理奥林匹克竞赛大题典——力学卷	2014－11	48.00	405
物理奥林匹克竞赛大题典——热学卷	2014－04	28.00	339
物理奥林匹克竞赛大题典——电磁学卷	即将出版		406
物理奥林匹克竞赛大题典——光学与近代物理卷	2014－06	28.00	345
历届中国东南地区数学奥林匹克试题集(2004～2012)	2014－06	18.00	346
历届中国西部地区数学奥林匹克试题集(2001～2012)	2014－07	18.00	347
历届中国女子数学奥林匹克试题集(2002～2012)	2014－08	18.00	348

哈尔滨工业大学出版社刘培杰数学工作室已出版（即将出版）图书目录

书　　名	出版时间	定　价	编号
几何变换（Ⅰ）	2014－07	28.00	353
几何变换（Ⅱ）	即将出版		354
几何变换（Ⅲ）	即将出版		355
几何变换（Ⅳ）	即将出版		356
美国高中数学竞赛五十讲．第 1 卷（英文）	2014－08	28.00	357
美国高中数学竞赛五十讲．第 2 卷（英文）	2014－08	28.00	358
美国高中数学竞赛五十讲．第 3 卷（英文）	2014－09	28.00	359
美国高中数学竞赛五十讲．第 4 卷（英文）	2014－09	28.00	360
美国高中数学竞赛五十讲．第 5 卷（英文）	2014－10	28.00	361
美国高中数学竞赛五十讲．第 6 卷（英文）	2014－11	28.00	362
美国高中数学竞赛五十讲．第 7 卷（英文）	2014－12	28.00	363
美国高中数学竞赛五十讲．第 8 卷（英文）	即将出版		364
美国高中数学竞赛五十讲．第 9 卷（英文）	即将出版		365
美国高中数学竞赛五十讲．第 10 卷（英文）	即将出版		366
IMO 50 年．第 1 卷（1959－1963）	2014－11	28.00	377
IMO 50 年．第 2 卷（1964－1968）	2014－11	28.00	378
IMO 50 年．第 3 卷（1969－1973）	2014－09	28.00	379
IMO 50 年．第 4 卷（1974－1978）	即将出版		380
IMO 50 年．第 5 卷（1979－1983）	即将出版		381
IMO 50 年．第 6 卷（1984－1988）	即将出版		382
IMO 50 年．第 7 卷（1989－1993）	即将出版		383
IMO 50 年．第 8 卷（1994－1998）	即将出版		384
IMO 50 年．第 9 卷（1999－2003）	即将出版		385
IMO 50 年．第 10 卷（2004－2008）	即将出版		386
历届美国大学生数学竞赛试题集．第一卷（1938—1949）	2015－01	28.00	397
历届美国大学生数学竞赛试题集．第二卷（1950—1959）	即将出版		398
历届美国大学生数学竞赛试题集．第三卷（1960—1969）	2015－01	28.00	399
历届美国大学生数学竞赛试题集．第四卷（1970—1979）	即将出版		400
历届美国大学生数学竞赛试题集．第五卷（1980—1989）	2015－01	28.00	401
历届美国大学生数学竞赛试题集．第六卷（1990—1999）	2015－01	28.00	402
历届美国大学生数学竞赛试题集．第七卷（2000—2009）	即将出版		403
历届美国大学生数学竞赛试题集．第八卷（2010—2012）	2015－01	18.00	404

哈尔滨工业大学出版社刘培杰数学工作室
已出版(即将出版)图书目录

书　　名	出版时间	定　价	编号
新课标高考数学创新题解题诀窍:总论	2014—09	28.00	372
新课标高考数学创新题解题诀窍:必修1～5分册	2014—08	38.00	373
新课标高考数学创新题解题诀窍:选修2—1,2—2,1—1,1—2分册	2014—09	38.00	374
新课标高考数学创新题解题诀窍:选修2—3,4—4,4—5分册	2014—09	18.00	375
全国重点大学自主招生英文数学试题全攻略:词汇卷	即将出版		410
全国重点大学自主招生英文数学试题全攻略:概念卷	2015—01	28.00	411
全国重点大学自主招生英文数学试题全攻略:文章选读卷(上)	即将出版		412
全国重点大学自主招生英文数学试题全攻略:文章选读卷(下)	即将出版		413
全国重点大学自主招生英文数学试题全攻略:试题卷	即将出版		414
全国重点大学自主招生英文数学试题全攻略:名著欣赏卷	即将出版		415
数学王者　科学巨人——高斯	2015—01	28.00	428
数学公主——科瓦列夫斯卡娅	即将出版		
数学怪侠——爱尔特希	即将出版		
电脑先驱——图灵	即将出版		
闪烁奇星——伽罗瓦	即将出版		

联系地址:哈尔滨市南岗区复华四道街10号　哈尔滨工业大学出版社刘培杰数学工作室

网　　址:http://lpj.hit.edu.cn/

邮　　编:150006

联系电话:0451—86281378　　13904613167

E-mail:lpj1378@163.com